国家出版基金项目
NATIONAL PUBLICATION FOUNDATION

超级科学 变脸机器人

CHAOJI KEXUE

BIANLIAN JIQIREN

王令朝◎著

U0338335

云南出版集团 晨光出版社

图书在版编目（CIP）数据

变脸机器人 / 王令朝著. —昆明：晨光出版社，
2017.9
（超级科学）
ISBN 978-7-5414-9149-8

Ⅰ. ①变… Ⅱ. ①王… Ⅲ. ①机器人—少儿读物
Ⅳ. ①TP242-49

中国版本图书馆CIP数据核字(2017)第180997号

超级科学

变脸机器人

出版人	吉彤
策　划	吉彤　李云华
作　者	王令朝
责任编辑	朱凤娟
责任校对	杨小彤
装帧设计	周　鑫　张颂东　周　蓓
责任印制	郁梅红
出版发行	云南出版集团　晨光出版社
地　址	昆明市环城西路609号新闻出版大楼
邮　编	650034
电　话	0871-64186745（发行部） 0871-64178927（互联网营销部）
法律顾问	云南上首律师事务所　杜晓秋
排　版	云南玺道文化传播有限公司
印　刷	昆明骏美彩色印务有限公司
开　本	720mm×1010mm　1/16
印　张	8.5
字　数	120千
版　次	2018年1月第1版
印　次	2018年1月第1次印刷
书　号	ISBN 978-7-5414-9149-8
定　价	26.00元

前言 Preface

在当今浩如烟海的知识宝库中，蕴藏着丰富的新奇科学技术知识。在犹如蛛网般互联网信息的冲击下，人们想要找到去伪存真的科学知识实属不易，而要让众多小学生获得其喜闻乐见的科普作品更是难上加难。

为此，在这本《变脸机器人》科学分册中，你可以读到：高端计算机、大数据、颠覆传统的互联网、未来智慧城市、智能机器人、信息工程新观察……让这些颇为高深神秘的科学知识，展现它们的"庐山真面目"，为你打开一扇知识之窗。

整套丛书既充满了科学性、趣味性和知识性的品质，又有通俗易懂、引人入胜和图文并茂的特色。每个专题的选取突出"代表性""规范性"和"易读性"。文章中的每一句话、每一个字，作者倾其所能地精心谋思、引经据典，既力求规避画蛇添足之嫌，又力求取得画龙点睛之效。当你阅读每一篇文章时，你会感到犹如在听一个生动有趣的故事般愉悦和享受，与此同时，你也会收获一份难得的课外时光。

读书之所以是生活中不可缺失的重要一环，是因为读书可以增长知识和才干，读书可以作为一种排忧解难的方式。处世行事时，正确运用科学知识意味着你有才华；孤单寂寞时，阅读可以为你排解疑惑。因此，读书使人感到充实。对一本好书，则更要通读、细读和反复阅读，循序而渐进，熟读而善思，温故而知新。

可以说，打开所有科学的钥匙都是一个问号，伟大的科学发明归功于"为什么"，生活的智慧也来源于逢事问个"为什么"。而一本好书，就可以让你找到心中想要的答案。

我真诚地祈愿，即使世纪不断地交替向前，这套"超级科学"丛书也不会像时间那样成为匆匆过客，而是像一盏永不熄灭的心灵之灯，照亮每一个读者朋友的科学之路、知识之路和梦想之路。

最后，我由衷地感谢姜美琦、王晨逸、廖少先、汪蕙绮对丛书给予的帮助和支持。

王令朝

2017年5月

Contents | 目录 ①

Contents | 目录 ②

「高、大、上」的计算机

"云时代"的透明计算

最近，爸爸又给家里换了一台新计算机，并安装了Windows10操作系统，佳恒一下子没适应过来。

一天，爸爸下班回家后，佳恒问爸爸："计算机的操作系统，为什么过一段时间总要升级啊？"

爸爸告诉佳恒："这是由计算机自身结构所决定的。自计算机发明以来，主流计算机都是采用美国科学家冯·诺依曼所设计的结构。也就是说，计算机主要由运算器、控制器、存储器和输入输出设备所组成，在存储器中存放着二进制代码的程序，所有指令都是由操作系统来管理和执行的，所以也被称为"存储程序计算机"。因此，这种经典的冯·诺依曼体系结构，注定了在计算机上发展越多，其操作系统也会越来越庞大复杂。所以，操作系统要随着新的计算机不断升级更新，从而使计算机功能得到更好地发挥。"

佳恒一听，好奇地问爸爸："如此说来，随着计算机的不断发展，是不是操作系统也会无止境地升级更新呢？"

爸爸回答说："这个问题问得好，这也是当前困扰人们的一个现实问题。20世纪70年代以来，随着互联网、无线局域网的发展，

计算机已跨入网络计算新阶段，然而计算机之间的互联主要是靠通信协议，它的冯·诺依曼体系结构并没有改变。恰恰是这种以操作系统为王的计算机结构，成为当今互联网+和大数据时代的绊脚石，诸如网络安全性低、用户使用复杂、产业链受制于人等一系列问题日益凸显。然而，一个由中国科学家提出、定义、设计并实现的计算机新理论，一举打破了曾被人们奉为标杆的冯·诺依曼体系结构的桎梏。这就是荣获2014年度国家自然科学奖一等奖的'透明计算'，它创造了中国计算技术的神话。这个被国外计算机专家称为'走在云计算前面、又囊括云计算'的网络计算理论，彻底将计算机的硬件与软件分离，从此以后，人们再也不会受操作系统的困扰。"

佳恒一听，瞪大眼睛迫不及待地追问："那么，'透明计算'究竟是什么样的神奇计算理论啊？"

爸爸郑重其事地对佳恒说："这个翻天覆地的计算机创新成果来之不易啊！以清华大学教授为首的科研团队足足付出了20年艰苦卓绝的研究，才打造出能满足普通人群所需的计算机新模式。'透明计算'的核心思想就是把操作系统从计算机终端上彻底'拿掉'，也就是说，把数据存储、计算与管理三者相互分离，再由CPU按操作系统进行调用执行，形成芯片层、接口层、操作系统、软件应用以及网络层等一系列的严格等级结构，并在此基础上，将计算机的总线改造成网线，再将单机串行处理改造成多机并行处理，对冯·诺依曼结构的计算机来个'时空大挪移'。至此，一个举世无双的全新计算机体系结构横空出世了。"

佳恒好奇地追问："计算机没有了操作系统，那么，人们怎么操作和使用计算机啊？"

爸爸回答说："这种'透明计算'计算机的结构布局可谓棋高一筹，其所有数据和程序都不在自身的机器上，而是存储在网络系统的服务器里，计算机上只有一个个虚拟图标。与此同时，科学家为这种'透明计算'计算机专门打造了一款'超级操作系统'，这个超级操作系统被专家命名为'Meta OS'，它安装在相当于原来计算机的输入输出(BIOS)层面上。人们使用计算机时，只要点击进入'Meta OS'，便可根据需求选择调用装在服务器里的微软(Windows)、苹果(iOS)等不同的操作系统。实际操作时，与平时没有什么两样，也不会有操作系统升不升级的烦恼，而且还可以同时与平板电脑和智能手机等移动终端进行同步编辑。"

佳恒接着问："那么，这种'透明计算'的计算机长啥模样啊？"

爸爸告诉佳恒："据研究人员介绍，目前一款名叫'小宝'的透明计算机终端已在实验室里呱呱坠地。它的外貌看上去就像一台普通的电脑显示器，个头比一体机电脑还要小。其存储容量很小，几乎是一台无硬盘的计算机，相当于传统冯·诺依曼计算机的桌面系统，只不过它可以远程加载和使用各种操作系统。换句话说，透明计算机的本质实际上可以理解成一种别开生面的网络计算机。如今，'小宝'的两个孪生兄弟'龙星'和'网锐'透明计算机也已横空出世，它们与'小宝'透明计算机外观相似，除了显示器之外，它们的主机和一台有线电视机顶盒差不多大。别看它们身材小，功能却很齐全，一点也不比普通计算机差，并且它们的开放性给人们能带来全新的体验。"

佳恒兴奋地问爸爸："那么，透明计算机能给人们带来怎样的全新体验呢？"

爸爸回答说："举个例子来说吧，现在许多人喜欢使用苹果手机，它是一个封闭的独立系统。随着无线移动网络的迅猛发展，假如你要使用中国移动平台上的应用软件，就会遇到障碍，让你感到很无奈。有了透明计算机，就能一举打破这两个系统之间的隔阂。无论哪一方开发的应用软件都能自由自在地使用，而且不用像传统计算机那样需要'下载安装'的过程，更用不着花一笔钱对计算机软硬件更新和升级，你说轻松不轻松？"

爸爸兴致勃勃地说："研究人员告诉人们，只要网络正常畅通，透明计算机可以在世界上任何一个地点登录。人人都可以体验这种轻松自如的操作方式，更不用担心会消耗大额的流量费用。难怪人们把这种透明计算机所采用的计算方法，形象地称为'流式计算'。它好比家庭中的自来水、照明电灯一样，让人们随心所欲地使用。这就是互联网+大数据时代，人们梦寐以求的'云计算'的宏伟蓝图。正如著名的英特尔公司总裁詹睿妮所预言的那样：在电子计算领域，今后的十年将是透明计算的十年。"

佳恒心想：要是有一天，在家能够用上透明计算机，那该多好啊！

超一流的计算机

一天，小超见到爸爸下班回家后像换了一个人，显得格外高兴。

爸爸一进家门便直冲到厨房里，对正在忙着准备晚饭的妈妈说："我的一项科研创新产品的参数验证计算终于按时完成了，广州超级计算中心真棒，原本需要一年多的计算工作量，他们居然在短短几分钟内就完成了，而且费用出乎意料地低廉。每天运算10小时，与一台四核计算机的工作量相当，却只收取很少的钱，这次支付了不到2000元就搞定了……"

晚饭后，小超趁着爸爸高兴之余，就缠着爸爸，让他讲讲广州超级计算中心。

爸爸兴致勃勃地告诉小超："超级计算中心是我国的一个大型公共计算机服务平台。它没有任何门槛，国内外企业和个人都可以向它提交申请，申请通过之后便可以获得'多、快、好、省'的优质服务。它的'关键先生'就是举世瞩目的'天河二号'超级计算机。在2015年第45届全球超级计算机500强排行榜中，这台计算机以33.83千万亿次的运算速度，连续5届拔得头筹而扬名世界。就连美国前总统奥巴马也不得不说：'现在，不仅世界上速度最快的火车在中国，而且中国还制造出了世界上速度最快的超级计算机。'而奥巴马所说的超级计算机是指2009年我国自主研制的'天河一号'超级计算机。"

小超连忙问爸爸："那么，'天河一号'超级计算机长啥模样啊？"

爸爸回答说："2009年10月，国防科学技术大学研制出我国首台千万亿次超级计算机'天河一号'，这台计算机在2010年全球超级计算机100强里排名第一，使我国成为继美国之后世界上第二个能够研制千万亿次超级计算机的国家。它由140个计算机柜组成，每个机柜长1.2米、宽1.45米、高2米，排成3列的方阵占地约700平方米。令人惊讶的是，气势宏伟的'天河一号'居然没有键盘和鼠标，在机房仅有一个维护人员来监控它的工作。原来'天河一号'是采用'云计算'的运行方式，也就是说，人们可以通过网络登录的方式来使用它。所以，每个用户手上的键盘和鼠标就是'天河一号'的键盘和鼠标，所不同的是，它的峰值运算速度可以达到每秒钟2570万亿次。也就是说，'天河一号'运算1个小时，就相当于全国13亿人同时用计算器计算340年。而它运算1整天，就相当于1台双核高档台式计算机运算620年。除此之外，'天河一号'还有一个难以置信的超大'肚量'，它能够容纳1000万亿个汉字，这相当于一个藏书高达10亿册100万字书籍的超大型图书馆，而我国规模最大、藏书最多的北京国家图书馆也只有2000万册的藏书量。"

小超接着问爸爸："那么，'天河二号'要比'天河一号'更加强大吧？"

爸爸笑着说："你说得没错，'天河二号'的机柜已增加到了170个，它的内存和存储总容量分别达到1400万亿字节和12400万亿字节，它的计算性能和计算密度更是比'天河一号'提高了10倍以上。也就是说，天河二号运算1小时，相当于13亿人同时用计算器计算1000年，其存储总容量相当于存储60亿册100万字的图书，且在相同计算工作量的条件下，它的耗电量仅为'天河一号'的三分之一。除此之外，它的应用范围比'天河一号'更加广泛，除了可以'云计算'之外，更是跃升到科学工程计算的高级层面。更令人鼓舞的是，'天河二号'采用了被称之为'异构多态融合体系'的新型结构，这种结构是把计算、加速和服务等不同的功能模块紧密地结合在一起。就像你既感冒发烧又腹痛便血，原本需要分别挂内科和消化科两个号才行，而现在只要挂一个全科号就行。这提高了软件的兼容性和易编性，让人们使用起来更加方便。"

小超一听，迫不及待地问爸爸："如此说来，'天河二号'超级计算机本领非常强大。那么，它究竟能为人们提供哪些其他计算机无法比拟的服务呢？"

爸爸得意洋洋地告诉小超："作为目前世界上最快的超级计算机，'天河二号'的服务范围已经突破了人们以往对计算机的想象。如果你还记得美国电影里的'天眼'，主人公多米尼克和他的小队成员就是利用这个强大的追踪定位系统'天眼'，从阿联酋的阿布扎比到阿塞拜疆的巴库，满世界迅速地追踪冷血的英国特勤杀手肖所在的位置……专家告诉人们，电影里虚构的神奇'天眼'，以后在'天河二号'超级计算机平台上完全可以实现，只要输入足够的数据，影片中所呈现的令人目瞪口呆的情景将成为现实。甚至，利用'天河二号'的强大计算功能，制造出细胞分子组织与真人相差无异的'孪生数字人'，也并非一件不可能的事。

"一位尝试过'天河二号'超级计算机的企业家对媒体记者风趣地说：'原来我们的企业好比是在骑自行车前行，自从有了'天河二号'超级计算机平台的支撑，现在企业相当于开上了世界上最快的跑车。'另一位企业家是这样来赞誉'天河二号'超级计算机的：'我们企业通过'天河二号'超级计算机平台进行'分布式数据库'开发和'高性能数据库'测试的科研创新，整个研发和测试周期出乎意料地比以往缩短了40%以上，让企业赢得了市场的先机。'

"广州有关部门则宣称：已经在'天河二号'上配置了广州市电子政务数据管理、云盘存储等业务系统，为打造智慧城市搭建了一个高效可靠的服务平台，今后包括诸如道路卡口数据、交通实时图像、空气环境监测、灾害预报等在内的'城市智能感知系统'将为市民提供前所未有的体验。例如，公安部门要抓抢劫分子，'天河二号'可自动通过对海量道路图像数据进行密集分析，迅速锁定目标并报告警方，让犯罪嫌疑人无处躲藏；又如，'天河二号'可以汇集所有学校的教育资源，为学生提供辅导、答疑、练习等远程在线服务，甚至，制作深受青少年喜爱的一流动漫卡通影像……"

小超赶紧插嘴道："那么，个人怎样使用'天河二号'超级计算机啊？"

爸爸回答说："对个人来说，只要添置一个终端盒和宽带连接，就可以享受'私人定制'的神奇服务，甚至不输实力雄厚的企业。例如，股民想了解某个行业的经济情况和未来走势，可在超级计算机中心租用一个模拟器，只要输入相关问题和参数，就可得到选股的建议信息。又如，人们可以在'天河二号'超级计算机平台上，建立一个与自己生理功能相似的虚拟'数字人'，随时随地进行监测，以实现自行管理健康的夙愿。一旦患病，医生可以先在'数字人'上进行试验，然后再选择一套最佳的医治方案。你说妙不妙？"

小超的脑海里浮现出了一个与自己一模一样的虚拟"数字人"。

随着我国科技的迅猛发展，科学家们将会研制出更多的超级计算机。据可靠消息，2016年我国研制的超级计算机"神威•太湖之光"取代"天河二号"，登上了全球超级计算机榜首。"神威•太湖之光"的浮点运算速度为每秒9.3亿次，速度比第二名的"天河二号"快出近2倍，效率也提高了3倍。更重要的是，"神威•太湖之光"使用的是中国自主制造的芯片，中国拥有自主知识产权。"神威•太湖之光"登上全球超级计算机冠军的宝座，这也意味着中国的超级计算机上榜总数量首次超越美国，名列第一。

匪夷所思的量子计算机

今年9月，航航开始了初中的新生活。从一踏进校门起，他觉得中学的一切都很新鲜，与小学大不相同。摆满一台台电脑的宽大的计算机房更是他特别向往的地方。原来航航从小就喜欢电脑，经常会偷偷地摆弄爸爸的笔记本电脑，时不时地把电脑里的东西搞得乱糟糟，爸爸不但从不责怪，反而耐心地教他。时间一长，航航的计算机知识和技能飞速长进，成了一个小有成就的"电脑迷"。

有一天，航航在网上看到一个"量子计算机"的新名词，查阅相关资料后仍不得要领。晚上，航航顾不上看电视，叫爸爸给他讲讲量子计算机。

爸爸拗不过航航，放下手上的活儿开了腔："量子计算机是一种新型的计算机，它完全不同于目前的传统计算机。大家都知道，传统计算机是利用二进制数字来进行计算的，它与人们常用来计算的'逢十进一'的十进制数字不同，一个二进制的数位要么是1，要么是0，它的计算单位是比特（bit）。而在量子计算机中，这个逻辑关系已被颠覆，一个二进制数位1可以是1，也可以是1和0，甚至可以是介于1和0二者之间的任意状态，科学家把它称为'量子比特'（Cubit）。也就是说，一个量子能够同时代表0和1，并可以根据人们所要提取的信息而定。这样一来，使用量子比特表示数据的量子计算机，它的处理能力将远远超过目前最快的传统计算机。"

航航一听，好奇地问爸爸："科学家们是如何想到要研究这种量子计算机的呢？"

爸爸告诉航航："数十年来，科学家一直在尝试将量子物理原理用于计算技术，以解决目前计算机处理数据能力欠缺的问题。科学家指出，通过小型化来提高芯片的技术性能变得越来越困难了，过去很长一段时间里，芯片制造工艺升级的周期已从1年延迟到3年，未来更有可能会走到尽头。而人们越来越多的十分复杂的科研需求，却往往使传统计算机显得无能为力。随着奇妙的量子微观世界的发现，这种比原子还要小的量子被人们称为'亚原子粒子'，尤其是它能够同时处于多种状态的神奇特性，这对那些习惯于用'非是即否'传统计算技术的人们来说，会感到有些荒诞或不可思议，但却让科学家们看到了希望。于是，科学家创立了量子计算的基本理论，即计算机的计算数位可以同时以各种状态存在，这就是著名的'量子叠加'原理。"

航航接着问："那么，这种量子计算机比传统计算机强在哪些方面呢？"

爸爸回答说："首先，量子计算机处理数据信息的能力要比传统计算机强大得多，也就是说，它的运算速度要比传统计算机快数百万倍。美国谷歌公司量子人工智能实验室对媒体宣称，在2015年12月对一台最新研制的被命名为D-Wave2X的量子计算机进行的两次测试中，其量子芯片的运行速度居然比传统计算机的芯片要快1亿倍。例如，传统计算机花费上万年才能计算出来的算式，量子计算机可能只需要短短几秒钟的时间。其次，量子计

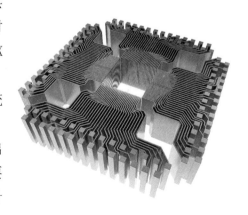

算机具有模仿人类智能的能力。它能模仿人类的创造力、判断力等智能化思维方式，让它变得比传统计算机更加'聪明'，有'智慧'。例如，按照传统计算机的算法，当人们需要提取某一个词组信息或者需要解决一个问题时，计算机首先要把所有的可能性都列举出来，然后再对其进行一个一个地验证，最后才能向人们提供正确的信息。而量子计算机却知道如何通过最短最快的路径，省去一些不必要的计算，直接进行正确的计算，并为人们提供所需的正确信息。"

航航又问爸爸："这样说来，科学家是不是已经研制出了量子计算机？"

爸爸告诉航航："科学家研制量子计算机经历了长达30多年的艰辛之路，还曾遭受一部分专业人士的质疑。直到2011年，加拿大D-Wave系统公司才正式推出全球第一台商用型的量子计算机，从此成为全球第一家经营量子计算机业务的公司。2013年5月，谷歌公司宣布购买全球第二台D-Wave量子计算机，并与美国国家航空航天局（NASA）、大学研究机构共同分享这台量子计算机，利用这台量子计算机进行机器智能学习等方面的科学研究。据悉，美国国家安全局（NSA）投资近8000万美元，正在尝试开发一台被称为'渗透硬目标'的量子计算机，主要是为了破解用于保护敏感信息加密代码的难题，一旦研制成功，量子计算机的处理能力可以轻松破解'牢不可破'的密码。在我国，科学家在量子计算机领域不仅取得了卓有成效的突破性成果，而且研究水平占据世界领先地位。"

航航听后，追问道："那么，今后量子计算机还有哪些用武之地呢？"

爸爸回答说："尽管量子计算机的普及应用仍然遥遥无期，但科学家们已经预测了一系列量子计算机未来的应用领域。这包括精确气象预报、信息加密及解密、纳米级机器人制造、嵌入式电子装置、高科技武器、新医疗技术和虚拟空间通信技术等高精尖科研领域。例如，日常的气象预报，一般需要建立并求解包含百万个变量的线性方程组，才能对大气温度、气压、湿度等物理参数进行模拟和预测。而为了实现精确的气象预报，这种线性方程组的变量数往往要求达到以亿为计的数量级，才能满足预报精准度的需求。如此天文数字级别的海量运算，即便是用现在世界上最快的超级计算机，至少也需要几百年，而超级量子计算机仅花10秒钟便能完成。又如，在量子密码应用方面，由超级量子计算机开发的加密程序可以提供绝对的安全，即使是传统超级计算机也无法在短时间内破解，哪怕是顶尖黑客高手也只有'望密兴叹'的份，它将开创密码学领域新纪元。再如，在医学科研应用上，超级量子计算机可以帮助人们解决生命组合优化之类的复杂问题，其中包括人类基因序列分析、生命细胞蛋白质折叠以及基因改造、移植等至今悬而未决的各种科研难题。"

爸爸最终告诉航航："如今，量子计算机仍在实验室的襁褓之中，科学家指出，它还有许多需要克服的技术难题。例如，量子的不稳定性会影响到计算机信息状态的稳定性，以及计算结果的准确性。又如，推广应用量子计算机的最大'拦路虎'，并不是能不能或会不会使用它，而是有没有一大批掌握一套比现有算法更为复杂的编程方式的程序员。这一切，人们将拭目以待。"

计算机衣服

有一天，圆圆在电视上看到一则有关交通事故的新闻报道：一个年轻人一边低头看手机地图找路，一边横穿马路时，不幸被右向转弯的机动车撞击倒地，结果抢救无效身亡……圆圆不由得心想：如果未来能有一件嵌入计算机的衣服，那么，以后人们在找路的时候，就不用低头看智能手机了，只要双眼直视前方，所穿衣服内的计算机电子地图和GPS模块，就会告知应该朝哪个方向走。从此以后，"低头一族"将在马路上消失，那该多好啊！

圆圆把自己的想法告诉爸爸，爸爸说："事实上，自从计算机问世以来，人们早已不满足于台式计算机那样的人机分离状态，开始寻找如何使人机密切结合的方法，于是，诸如笔记本电脑、U盘、PDA、MP3、平板电脑等一系列产品得以问世。近几年来，一种被称为'可穿戴计算机'的电子设备被人们追捧，电子手环、智能眼镜、智能腕表、智能背包等形形色色的可穿戴设备，可谓'你方唱罢我登场'，令人眼花缭乱。然而，这些琳琅满目的可穿戴设备与智能手机相比，实质上并无多大的区别，也没有完全实现人与计算机'零距离'的目标。为此，英国科学家们正在想方设法改进技术，研制一种柔软的

'嵌入计算机'的智能化衣服。"

圆圆好奇地问："那么，这种'计算机衣服'长啥模样啊？"

爸爸回答说："随着电子技术、新材料、新工艺的迅猛发展，如今与计算机一样包括有处理器、存储器和接口的主机，已经可以做得像火柴盒那样小。而眼镜般大小的微型显示器，其放大效果相当于在2米处观看一台50英寸彩电那样清晰。在衣服的袖口、领子、纽扣等部位都可以安装类似计算机鼠标、键盘等的各种控制开关。但是，这种柔软的'嵌入计算机'智能化衣服还需要解决若干关键技术问题。例如，要解决'计算机衣服'移动时的联网通信问题。又如，要解决'计算机衣服'长时间工作时的电源供给问题。再如，要解决'计算机衣服'轻、薄、柔软等问题。目前，科学家研制成功的一套'计算机衣服'，重量达到5千克，还不能完全满足日常生活穿着的要求。"

圆圆一听，着急地问爸爸："那该怎么办啊？科学家有没有解决的办法呢？"

爸爸告诉圆圆："首先，科学家想出了一个自主组网的新方法，抛开了传统的网络连接方式。也就是说，原来计算机上网是采用TCP/IP协议的固定式网络，这种方式必须要有一个主干网，然而一旦网络中心发生故障，就会导致所有网上计算机器无法连接。而'计算机衣服'则不采用主干网，每件'计算机衣服'自身就是一个中心网。即使网络中心发生故障，它也可以自行组建网络。举个例子来说吧，假如有10个身穿'计算机衣服'的城管巡逻人员，'计算机衣服'可以将记录或拍摄到的语言、文字、图像传到指挥中心，指挥中心也可下达各种指令，一旦指挥中心发生故障，'计算机衣服'会自行组建一

个'多跳网'。也就是说，由甲队员将信息传到乙队员，再由乙队员传到丙队员，以此类推，各件'计算机衣服'之间可通过'跳转'获得信息，而且这种'跳转'是在瞬间完成的，不会影响传递速度。

"其次，随着各种电子元器件变得越来越小，越来越便宜，与衣着的融合将会变得越来越容易，让含有大量电子元器件的计算机'隐形'成为可能。如今，科学家结合电子工程、产品设计和纺织技术，已经实现把各种电子元器件编织到衣料之中的设想。这种用来制造'计算机衣服'的织物，并非简单地把微小的电子元器件嵌入到衣料之中，而是像平常纺纱织布那样一针一线地把电子元器件织成布料。换句话说，'计算机衣服'与普通衣服看上去并无两样。例如，计算机键盘或鼠标并不是由塑料和电路板组成的，而是一种由导电纤维编织而成的智能化织物。而计算机的软件也不再是传统的Windows系列的操作系统，科学家正在开发一种适合于'计算机衣服'的嵌入式操作系统，让人们几乎感觉不到它的存在，可以自由自在地操控它。

"再次，科学家利用上述智能化织物的超级纺织技术，把为'计算机衣服'供电的电池，也能像传统纤维纺织一样编织到衣服里，而不是单独携带在身上或放进背包里。这种与电池浑然一体的衣服里还具有感应充电的功能，它就像如今最时尚、最酷的星巴克或者宜家家居无线充电功能一样。穿着'计算机衣服'的人们，只要走到或靠近分布在街头、广场、商铺、车站等公共场所安装的无线充电站，就会向'计算机衣服'的电池充电，让人们无后顾之忧。"

圆圆继续问爸爸："那么，一旦这种时髦的'计算机衣服'开始流行，会给人们生活带来怎样的变化啊？"

爸爸告诉圆圆："科学家认为，这种智能织物计算机将来势必会取代时下流行的可穿戴电子设备。这是因为目前的各种可穿戴电子设备，你戴着它，身旁的人都知道你正在使用它，而当你穿着'计算机衣服'时，其他人则不会知道你穿着它，这样更容易保护自己的隐私。更令人兴奋的是，'计算机衣服'还可以为你提供各式各样的贴心服务。例如，'计算机衣服'可以整合健康监测功能，随时随地为你检测心率、体温、血压等常规健身数据，并在阳光下对'计算机衣服'进行自我清洁。又如，'计算机衣服'还能够稳定穿着者的体温，即使在寒冷的冬天里，你出门时也无须穿上厚厚的衣服，'计算机衣服'会自动把你的身体与严寒空气隔开。再如，如果你身在他国异乡，在老家的爸爸妈妈晚上睡觉时体温如何、早晨有没有外出晨练、白天的心率是否正常等信息，你都可以了如指掌，再也不必为一天天老去的父母担心。假如你是一名小学生，要是穿上'计算机衣服'，父母便能知晓你的一举一动。"

爸爸最后对圆圆说："随着新一轮创新技术的到来，超级科技的发展空间会越来越大，与人们以往的刻板印象大不相同，'计算机衣服'不仅有活力，大有用处，而且更有趣，更富有魔力。未来，人们看到的将是'计算机围着人转'的新气象，而不是现在的'人围着计算机转'。"

可猜透人心思的计算机

有一天，天昊想在电脑上下载一款纯净版网络游戏。不知怎的，一不留神，游戏软件非但没装在自己预想的位置上，而且还装了许多不想要的东西，一瞬间CPU占用高的红色警示图标出现在桌面上，电脑像中了邪一般动弹不得……天昊突发奇想：要是电脑能够猜透人的心思，那该多好啊！就不会发生如此让人无奈的状况了。

周六午餐后，天昊把这个想法告诉了爸爸，期待爸爸能给出答案。

爸爸一听，哈哈大笑起来。爸爸把天昊拉到身边，说："科学家十多年前就在思考研究这个问题了，5年前已经着手研发一种被命名为'读心'的计算机。科学家设想，利用一种戴在使用者头上的小型大脑活动扫描装置，就像医院检查患者脑部活动状况的核磁共振扫描设备一样，来获取使用者大脑活动的详尽信息，以此替代鼠标和键盘来操纵计算机，从而达到使用者光凭脑袋'想象'，就能完成上网浏览、搜索下载、编写文档和开启邮箱等操作。你说妙不妙？"

天昊好奇地问："那么，这种'读心'计算机又是如何来识别使用者的操作意图呢？"

爸爸告诉天昊说："据研究人员介绍，这种'读心'计算机与当前已开发的脑控计算机有所不同，脑控计算机需要使用者想象一个具体的实际动作，才能完成对显示屏上光标的控制，而'读心'计算机能直接诠释使用者正在想的'词汇'是什么，就相当于使用者用键盘输入文字一样。为了实现这个目标，科学家正在绘制人们大脑想到不同单词时的脑部活动图样，例如，'锹''锄'等类词汇，在大脑运动皮质区所产生的活动图样。又如，'面包''黄瓜''香蕉'等食物类词汇，在与饥饿有关的大脑部位所产生的活动图样，等等。当人们使用'读心'计算机时，头戴的小型大脑活动扫描装置会取得使用者的脑部活动图样，然后将此图样与原先建立的词汇图样库比对，'读心'计算机立马能推断出每个单词图样的特征，从而迅速地确认究竟是什么词汇。科学家告诉人们，在短短的'读心'过程中，经历了一个十分复杂的程序，头戴的小型大脑活动扫描装置至少要测量脑部的2万个活动点，才能辨识诸如'工具''房屋'和'车站'等词汇，再经过计算机20道提问逐步缩小范围，最终判定到底是哪一个具体的单词，如'锤子''住宅楼''火车站'等等。当然，如今的'读心'计算机还刚刚起步，随着大脑扫描技术越来越精密，'读心'计算机判定词汇的能力也将突飞猛进。"

天昊迫不及待地问："那么，'读心'计算机有没有借助其他办法来获得大脑活动所想的词汇呢？"

爸爸回答说："'读心'计算机是一个新生事物，人们对它的研究尚处于起步阶段，科学家们正在寻找各种有效的途径，来提高计算机对使用者'读心'的能力。最近，美国科学家已研制出一种最新的'读心'计算机软件，这种软件可以用来解读使用者的脑部活动意识，换句话说，这种计算机软件可以把大脑中的'声音'转换为文字。神经系统科学家发现人类一个重要的生理现象：当人们在阅读报纸或者书籍时，在人们的大脑中同时会产生一种'声音'，如果能够实现对相关的'声音'进行解密破译，便可以获得相对应的文字。"

天昊接着问："那么，这种'读心'计算机软件的实际使用效果好不好呢？"

爸爸告诉天昊："据有关媒体报道，科学家研究团队对这种'读心'计算机软件进行了一次实验，他们让7位试验者躺在医院病床上，让他们在电视屏幕上观看儿童故事片，并为每个试验者配备了一个'解码器'。与此同时，研究人员通过这种'读心'计算机软件系统，对试验者进行大脑活动监控，最终由'解码器'来解释监控所获得的'声音'信息，并将它们转换成文字。实验证明，这种'读心'计算机软件能够担当起解读人们大脑中思想意识的重任。科学家下一步已着手应用'读心'计算机软件，来解读人类听觉在大脑中的活动。科学家期望'读心'计算机软件能够'走进'失语症患者的心里，让这些失去语言交流能力的患者重获'新声'。"

天昊一听，充满期待地问爸爸："这种'读心'计算机还有哪些用处啊？"

爸爸回答说："科学家指出，这种'读心'计算机将来大有用武之地。人们通过它可以收集、分析和筛选各种脑部信息，给人们的信息处理带来出神入化的革命性变化。最近，军事科学家公布了一种超级的'读心'系统，它可以帮助专家分析和筛选重要的数据信息。据悉，该系统已经能够识别受试士兵脑海中的想法，下一步它还能够帮助指挥员处理大批量的军事情报信息。它的奇妙之处在于，指挥员在处理从士兵大脑中获得的图像信息时，不需要亲手翻看图片或在上面做标记、写字，只需要想着'有关'和'无关'就行，这个'读心'系统会自动进行分析和筛选。"

天昊又问爸爸："这个'读心'系统是怎么工作的呢？"

爸爸告诉天昊："科学家在受试士兵身上连接一个用来读取脑电波的仪器，然后让受试士兵坐在'读心'计算机前，观察显示屏上快速播放的舰船、熊猫、水果、蜻蜓和电灯5类图片。受试士兵只能选定其中1类物品观察，且要记住刚才一共看到了多少张属于自己所选类别的图片，但不能说出来具体数字……在实验结束2分钟后，'读心'计算机就显示了实验结果：受试士兵刚才的关注对象是'舰船'，这与受试士兵的选择完全符合。研究人员指出，实验结果证明：只有受试士兵或指挥员看到他们认为重要的东西，大脑才会激发这个认知反应，从而可被'读心'计算机选取和分析。所以，熊猫、水果、蜻蜓和电灯4类图片不会干扰'读心'计算机的工作。如今，科学家正在考虑设计一种能够满足多项任务分析功能的'读心'计算机软件，让'读心'技术应用于各个领域，开辟一个又一个新天地。"

信息化的『明星』

和"大数据"做朋友

最近，思思正在为搞不清什么是大数据而烦恼，每每新闻报道或电视节目出现"大数据"词汇时，思思总是瞪大眼睛，竖起耳朵，生怕漏掉一丁点儿的信息。时间一长，思思感到仅靠这些只言片语，还是没有办法真正弄懂"大数据"究竟是什么东西。于是，她不得不向爸爸求助。

爸爸一听，不由得哈哈大笑起来，对思思说："傻孩子，'大数据'这3个字看似很简单，实际上却是一个专业性很强的名词术语。从2009年开始，'大数据'这个在互联网信息技术行业脱颖而出的流行词汇进入人们的视野，无论是手机、平板电脑，还是各种各样的数据设备都成了'大数据'的源头。物联网、云计算、移动互联网等更是与'大数据'挂上了钩。对于普通人而言，'大数据'最通俗易懂的解释就是大量的数据。而从专业的角度出发，大数据的定义是一个大而复杂的、难以用现有数据库管理工具处理的数据集，而这种数据集并非一个简单的数据汇集。从广义上来说，它包括了以下三个层次的内容：首先，它是一个数据量巨大、来源多样化和类型多样化的数据集；其次，它是一种新型的数据处理和分析技术；再次，它是一种运用数据分析技术所形成的有价值的结果。"

思思好奇地问爸爸："既然'大数据'与以往传统的'数据'在概念上大相径庭，那么，'大数据'究竟有何惊人的本领呢？"

爸爸告诉思思："实践证明，通过收集和处理大规模数据，让人们从以往只能通过抽样调查和有限数据分析等落后局面中解脱出来，从而改变人们认识和探索世界的模式。例如，创立于1995年的美国亚马逊书店就是其中的一个受益者。起初公司雇用了一群书评家来为读者荐书，然而其书籍销售情况并没有多大起色，后来书店经营者贝佐斯发现如果把一群普通读者购书清单数据集合起来，利用一种大数据算法进行分析，并归纳出不同口味的书单，按客户的社交网络进行推送，就可以为书店带来更多的购书客户群。果不其然，亚马逊网上书店不仅名扬四海，而且销售业绩飙升。'大数据'真可谓一个名副其实的'神算子'。

"更有趣的是，英国伯明翰大学研究人员用一种大数据处理算法，来预测人们在一天内将要到哪里去，最终实验结果令人十分惊讶，它的预测误差仅仅在20米之内。事后研究人员道出了其中的奥秘：这个神奇的算法通过连续不断地追踪实验参与者的手机数据，这些数据包括存储在手机里个人过往行为的数据、个人社交关系的数据以及临时变更的数据，然后再对这些特定且大批量的数据进行分析，便能预测实验参与者在24小时之内会去哪里。而传统的预测方法是无法做到这一点的。

"无独有偶，英国剑桥大学和微软剑桥研究院的一项研究结果让'脸书'粉丝大吃一惊，因为这项'大数据'特殊的算法功能奇特，它可以依据一个人喜欢什么就能判断他的个人信息。它可准确判断你是白人，还是非洲裔美国人，精确度高达95%。"

思思又问爸爸："那么，'大数据'技术如此神奇复杂，它能用在人们日常生活中吗？"

爸爸回答说："经过几年来迅猛的发展，如今大数据预测技术的应用范围越来越宽广，在人们的日常生活中也不例外。你想外出旅

游吗？它可以为你预测机票价格、酒店食宿费用的走势，为你节省钱财。你要驾车出行吗？它能够为你预测城区道路或高速公路的交通拥堵情况，帮助你选择最佳的出行时段和路线，以节省行驶时间和油料耗费。你想要知道当今世界流行歌曲排行榜吗？美国《公告牌》杂志通过对YouTube视频网站等数据信息的预测，预测结果早于评选结果出炉了，鸟叔的《江南Style》就是这样提前走红的。"

"那么，'大数据'技术的出现还会给世界带来怎样惊人的变化呢？"

爸爸告诉思思："'大数据'时代的到来会给人类社会带来各种各样的变化，其中最明显的变化就是它将彻底颠覆人们的处事模式。在以往，人们每做一件事都是预先想好要达到怎样的目标，然后再去收集所需的相应信息。而现在，人们每做一件事变成了预先尽可能多地了解相关信息，然而再从这海量的信息中去'挖掘'达到目标的解决方案。这种颠覆性的变化，不仅让人面对浩如烟海的数据信息不再手足无措，而且让人拥有了分析处理海量数据信息的能力，并可得到自己想要的最佳处事办法。

"据美国互联网数据中心统计，从2007年起，数字化数据形式的信息已达到全球信息总量的90%以上，只有不足10%的数据信息是记录在报刊等媒体上的模拟化信息。这也是'大数据'技术必然成为人们处事行为新模式的最重要因素。随着数字化数据存储方式日益多样化和廉价化，以及计算机数据处理分析能力的突飞猛进，人们以'大数据'作为自己的行为准则必将成为现实。"

最后，爸爸说："也许有一天，公司的白领们不再像以往那样为了制定一个方案而殚精竭虑，只要敲一下键盘让硬盘充满相关数据信息，再将你的诉求、目标等输入计算机，并选择相应的算法软件进行运算，片刻间，一份完美的运作方案便会出现在你的眼前。公安部门可以通过'大数据'锁定恐怖分子的行踪，阻止及破获信用卡金融诈骗犯罪，甚至可发现生命受到威胁或者对别人生命构成威胁的人……不久的将来，人们不再会畏惧'大数据'，而是处处与'大数据'结伴而行，成为'好朋友'。"

超级课程表

　　有一天，辉辉伯伯家的大姐姐来家里做客，见了辉辉就凑在一起交流学校发生的趣闻轶事。不一会儿，大姐姐神秘兮兮地告诉辉辉一个闻所未闻的消息：她就读的大学正悄悄地流行一种被称为"超级课程表"的学习软件。有了这种学习软件，不仅让你的学习趣味盎然，而且还能让你从"学渣"变成"学霸"。

　　辉辉一听，顿时兴奋不已地问道："那么，'超级课程表'究竟是何方'神圣'呢？"

　　大姐姐告诉辉辉："'超级课程表'是高校几个大学生开发的一款在线交流学习软件，只要在你的智能手机里下载安装这种软件，并用你的学校名、学号进行注册登录，'超级课程表'便会自动为你服务啦！学校开学前几天，通过这种学习软件能快速准确地导入本学期的课程表，其中包括上课时间、上课地点和授课老师。若你有心蹭课，简单！只要点击本地各大学课程信息，便可轻轻松松蹭遍所有热门课程，从而丰富大脑，增长知识储备。面临期末考试的时候，'超级课程表'会帮你查询各类考试时间，为你提前预约备考课程，为你合理安排考前复习时间，为你查询教室或图书馆空位，为你联络小伙伴讨论复习方法，甚至可以将自己的学习技巧、学习内容、上课笔记等信息与更多同学分享……就这么轻松简单，你说神不神！"

辉辉迫不及待地问："听说如今'大数据'技术非常厉害，那么，有没有适合小学生的学习'神器'呢？"

大姐姐毫不迟疑地对辉辉说："你说的学习'神器'如今真的还不少呢！有一款解题'神器'，它覆盖了小学所有的课程，题目内容包括文字、公式和表格等。相信会有不少同学，每天为完成课后作业犯难吧，这种只要拿起手机随手一拍便能解题的软件，就会助你一臂之力，还可以帮助你改掉抄袭的恶习。使用时，只要拿出你的手机，将不会做的题目横着拍下来，软件便会自动为你寻找结果。不一会儿，详细的解题过程、答案便呈现在你的眼前，即使是遇到与题库已有题目不完全相同的难题，你也可以套用相似的解题思路自己去完成，助你开阔思路，帮你提升能力。

"再告诉你一种非常实用的学习'神器'，那就是无须写字便能完成课堂笔记的'涂书笔记'软件。通常，同学们上课做笔记用的是纸和笔，自从有了智能手机和平板电脑以后，有的同学开始用第三方软件做笔记了。然而，在手机和平板电脑上一个一个地输入文字，无论是用键盘打字还是用手写输入，其速度多少有点慢，一旦文字识别出差错，还会影响听课质量和效率。这款'涂书笔记'软件却让记笔记这件事变得十分简单，只要用手机或平板电脑把文档内容拍下来，并在照片上用手指涂抹想要记录的部分，点击确认后便可将它们留下了。记录的文本不仅可以手动更改，而且还能将图片转化为文字，省去了抄笔记的烦恼。"

辉辉一听，激动地追问道："这款'涂书笔记'软件，每一个人都能使用吗？"

大姐姐回答说："对啊，凡是读书人都能用。第一次使用时，需要用手机或平板电脑在网站注册登录。当你进入软件主界面后，可以点击'新建笔记'，输入你正在听课或在读的书本名称，'涂书笔记’软件就会为你自动搜索。如果‘涂书笔记’软件没找到书名，你也可以自行新建一本。你说方便不方便？”

辉辉又问大姐姐：“那么，有没有帮助记忆外语单词的学习‘神器’呢？”

大姐姐告诉辉辉：“背外语单词是一件痛苦的事，往往背了这个忘了那个，越背越没信心，只能放弃。现在可好了，有一款叫作‘百词斩’的软件‘神器’，不但让你循序渐进记住外语单词，而且还把背外语单词变成一件好玩有趣的事。这款‘神器’覆盖的词汇包罗万象，有高考词汇、考研词汇等，甚至可以选择不同等级的词汇表。”

辉辉迫不及待地问大姐姐：“那么，这款‘百词斩’软件具体如何操作啊？”

大姐姐回答说：“在手机上打开软件之后，首先要选择自己要背的词汇内容，然后再填写约定的完成时间，这样便可以开始背单词了。此时，屏幕右侧会显示四幅图片，你可挑选一幅最符合单词含义的图片来帮你记忆，假如你挑不出来，也可由软件给你提示。纯正自然的单词发音，让你不必担心学一口‘伦敦郊区音’，而通过智能计算出来的记忆曲线，能及时提醒用户复习……戴上耳机听着‘百词斩’坐地铁、等公交、逛超市、喝咖啡，这是何等的惬意自在！

“更令人惊喜的是，‘百词斩’软件居然会为你推荐最佳的背单词计划，最初每天10个，中期每天25个，后期每天35个，还有那神奇的‘单词锁屏’功能，向左滑动屏幕即可解锁，点击屏幕就能查看单词解释，向右滑动屏幕则是复习背过的单词，向下滑动屏幕就能把陌生单词加入生词本，向上滑动屏幕这个单词便不再显示，让你在每次解锁手机时都有所收获、有所积累。当你辛勤付出得到一点一滴的回报时，‘百词斩’软件还会向你报喜，送上一串鼓励和祝贺的话语。”

辉辉接着关切地问：“那么，使用这款‘百词斩’软件会不会

耗费大量的流量啊？"

　　大姐姐告诉辉辉："实际上，你不必为手机流量耗费担心，只要你事先把要背诵及复习的外语单词下载到手机里，使用时便不会再产生流量。'百词斩'软件用形象的图片来唤起你的单词联想记忆，将背诵外语单词化'枯燥难背'为'欢乐易记'。而'单词锁屏'更是让你充分利用每一个时间'碎片'，想忘也忘不了。你说爽不爽？"

大数据帮你找工作

　　有一天，好朋友文文开心地告诉天慧，她表姐最近借助"大数据"终于找到了一份称心如意的工作，表姐还特意邀请文文去家里庆贺一番呢，姨妈还在文文面前一个劲地对"大数据"赞不绝口。因为文文的表姐在大学里学的是十分冷门的专业，毕业后寻找工作非常困难，连表姐自己都记不清究竟投送简历、应聘面试过多少回了，最终都是铩羽而归……难怪，表姐一家对"大数据"如此情有独钟。

　　天慧回家后，迫不及待地告诉妈妈，文文的表姐靠"大数据"找到工作的事。她问妈妈："'大数据'真的有那么神吗？"

　　妈妈告诉天慧："实际上，'大数据'时代比人们想象的来得快，'大数据'几乎和每一个人都密切相关，其中它也包括能够帮助人们寻找职业和打理业务的功能。最近，你只要关心一下几个主要职业网站的招聘信息，就会惊喜地发现成千上万与'大数据'相关的工作职位，而且这个数字还在不断地增长。美国一家研究所发布的一项预测结果表明，到2017年，担任处理'大数据'的员工需求量将会增长240%以上。著名的麦肯锡咨询公司也发布一项警示指出，仅在美国从事'大数据'工作的员工就存在着巨大的缺口。一切征兆似乎都在表明：'大数据'需要你！"

"美国新泽西州罗格斯发现信息学院创始人马尼希·巴拉沙尔告诉人们：在这个新的时代里，每一个领域都将会被重新定义，你可以收集到许多的数据，并利用它来提高你的竞争优势。美国纽约州伦斯勒理工学院的计算机科学教授弗朗辛·伯曼也认为：'大数据'的应用创造了一个新的产业和一种新的工作方式，数据不仅变成一种可阅读的信息，从中获得有用的内容，而且了解如何处理数据，将是人们从事一切活动的先决条件。这就意味着'大数据'需要每一个人的参与。"妈妈补充说。

天慧不解地问妈妈："既然如此，但并非每一个人都是学'大数据'相关专业的啊？那么，不懂'大数据'的人该怎么办呢？"

妈妈回答说："你说得没错，你担心的问题也是大多数人所担心的。实际上，单一的专业知识并非从事'大数据'工作的唯一条件。弗朗辛·伯曼教授曾经说过这样一段话：有许多途径都能引导你从事'大数据'工作，这是因为每个行业都会产生自己的数据，而数据处理工作往往需要各种类型的专业知识，所以'大数据'有着十分广阔的工作空间，任何人都可以找到自己心仪的工作。马尼

希·巴拉沙尔告诉人们：目前，'大数据'应用正在走进各个领域和每个行业，尤其是电子工程、计算机科学以及其他高科技领域。这种普及意味着'大数据'应用能拓宽人们的知识面和增强科学技能。"

天慧不放心地问妈妈："虽然专家们说得十分有道理，但对从来没接触过'大数据'的人来说，又该如何跨出第一步呢？"

妈妈告诉天慧："如果你对大数据职业生涯感兴趣的话，有许多网络在线资源可以供你查询各种资讯，其中包括有'IEEE'计算机协会提供的一系列大数据视频信息。除此之外，还有许许多多的培训机会，其中包括罗格斯发现信息学院在内多所大学提供的覆盖分析、数据科学和信息学等实用专业课程。你也可以参加诸如'IEEE'计算机协会提供的个别辅导教程和研讨会。'大数据'技术专家还告诉人们，实际上，只有少数人会在专业的数据公司里工作，大多数人应该考虑在一个自己已经熟悉的行业里寻找一个大数据工作职位。"

天慧又问妈妈："一旦进入'大数据'应用行业总得要掌握一定的工作技能吧？"

妈妈回答说："有句俗话说得好，师傅领进门，修行靠个人。美国纽约大学无线电学院丹尼斯·沙沙教授指出，如果你想要成为一名真正合格的'大数据'处理人员，就需要掌握三种'必杀技'：一是要掌握和了解一种数据库，并知晓如何来管理大量的数据；二是要懂得计算机相关知识以及数据发掘，以便从这些数据中作出论断；三是能进行数据统计，以便用来评估结论是否可靠。"

天慧接着问妈妈："那么，人们该如何正确对待这三种'必杀技'啊？"

妈妈告诉天慧："首先，掌握这些技能可以增强你对数据问题的思考能力，并将它们转化为业务知识。实际上，这也是激发你对侦探和媒体人两者兼备职业的好奇性，你问的问题越多，你就越能从数据中得出结论。更重要的是，必须要了解这些数据所应用的领域，因为这能使你提出恰当的问题和设计正确的实验方案，从而发掘出额外的新数据。

"其次，处理大数据还需要你具备数据的读写能力，正如弗朗辛·伯曼教授所说的那样：你必须要知道这些数据是不是有意义，这些数据之间是否有关联，这样才能依据数据得出正确结论，以避免使用错误数据的可能性。与此同时，你也不必为使用数学工具而感到害怕，这是因为你在'大数据'工作领域里并不需要成为一名专业的数学家。更重要的是你应该懂得如何理解数据以及具备定量分析的能力。

"再次，作为一名企业员工，还要体现在对收集信息的应对能力上，也就是说，你必须要把大数据融入你的商业计划之中，这将改变你做事的方式。与此同时，你还需要应对网络的安全问题，包括制定安全策略和规章制度，精心研究数据长期存储以及数据访问权限等相关问题，这是因为无论是现在还是将来，数据的保护和管理都是一项必须要做的工作。"

最后，妈妈郑重其事地说："因为'大数据'的技能是通用的，人们掌握了'大数据'的'必杀技'，就可以在不同领域和不同行业里找到自己的职位，文文的表姐就是一个典型的例子。有位技术专家说得好，如何管理大量数据及其评价，如何使用一种有效的和可扩展的方式来处理数据，以及如何提供足够的带宽、传输速率、计算能力、存储容量来满足数据处理的需求，这一切都是'大数据'工作者要进行的研究课题。这对科学研究领域显得尤为重要，比如全球蛋白质数据库，一组供世界各国研究人员使用的蛋白质和核酸三维结构数据，对人类健康和医疗做出了十分重要的贡献。"

大数据教你如何阅读

　　苏菲自从识字开始就喜欢上了阅读。如今已从小时候看童话故事、儿童读物等纸质书，转变成习惯上网浏览、看微博、微信等学习知识。与阅读大部头书籍渐行渐远，哪怕是以前甘之如饴的小说，如今也没法再次拿起来阅读。面对瞬息万变、浩如烟海的信息，哪些该读，哪些不该读，成了一个难以决定的问题。

　　有一天，正当苏菲用手指来回不停地点击平板电脑时，站在一旁的妈妈从她犹豫不决的表情上，看出了她的这个问题。

　　妈妈和蔼地对苏菲说："我猜你是犯难了吧。平板电脑上有微信、有微博，有同学发的，也有其他人发的帖。有的提示你下载，有的提示你收藏阅读……"

　　妈妈话音未落，苏菲就像遇到了救星一般，急忙告诉妈妈："妈妈，你猜对了，每每打开手机或者电脑，各种各样的信息像洪水一样向你涌来，一时间真的不知道该如何选择，更不知道怎样才能找到自己真正想阅读的东西……现在科技这么发达，究竟有没有什么方法来解决这种阅读信息的困惑呢？"

　　妈妈回答说："对当今每一个阅读者而言，几乎都会面临究竟读什么这个问题。要讲清楚这个问题，首先得要弄明白如今阅读的方式发生了什么样的变化。毫无疑问，进入21世纪以来，新兴的电子阅读方式已经明显地盖过了传统的纸质阅读方式，而且这种数字式媒体无论是它的传播速度，还是它的内容信息量，都已大大超越了纸质媒体，令人们目不暇接，甚至感到手足无措。即使是一些大名鼎鼎的互联网业观察者，也会经常为有哪些网站值得一读或可持续浏览而举棋不定。

"你特别喜欢阅读科技类的信息和书籍，我就以此为例对电子阅读做进一步的分析。通常，科技类的信息大致可以通过以下三种方式获得：一是诸如新浪、网易、搜狐、中新网、凤凰网、雅虎中国等门户网站的科技频道；二是谷歌阅读网站等；三是微博和微信等。它们之间各有特色、互为补充，门户网站的科技频道主要让你知道当今科学界发生了什么事，谷歌阅读主要让你了解科学家对这些事持有什么样的观点，而微博与微信虽然其信息内容的厚重度稍逊一筹，有时还显得零乱无序，但它们传递信息的速度极快。"

苏菲迫不及待地打断妈妈的话问道："那么，人们面对来自这三种阅读渠道的信息又该如何处置呢？"

妈妈告诉苏菲："这些纷至沓来的信息看似杂乱无章，其实是可以用'大数据'技术分析出其阅读轨迹的。这是因为在当今所谓'数字阅读'时代中，尽管数字信息的接收没有一个完整的体系，但是对信息源的选择并非一笔糊涂账。也就是说，在'数字阅读'时代中对信息的选择，已从'选择什么信息'上升到了'选择什么人'。比如说，你选择移动通信频道下的手机，'大数据'技术可以从信息源中帮你找出哪一位专家最权威、最值得看。从这个意义上来讲，著名作家钱钟书曾说过的'假如你吃了个鸡蛋觉得不错，又何必要认识那只下蛋的母鸡呢'？这句话已经不成立了，这是因为阅读有价值的信息，远比接收或浏览大量良莠不齐的信息更为重要。"

苏菲追问道："那么，对待微博、微信又该怎么办啊？是不是只能'瞎猫碰到死耗子'，碰到什么就看什么？"

妈妈不由得笑着对苏菲说："尽管微博、微信显得更加没有规律可言，但是在你选择关注谁的时候，可以想清楚自己究竟要看什么，至少可以根据自己的喜好来选择信息源。而'根据自己的喜好'这句话听起来容易，做起来却很难。庆幸的是，如今有了数据仓库以及大数据，通过它们的数据驱动便能完成个人喜好与信息源的满足和匹配，而并不需要你个人亲力亲为。专家们的解释是，人们在阅读信息上有两件最主要的事，即生产信息和消费信息。生产信息是为了让别人消费，而别人为什么要消费这个信息，无非就是觉得这个人生产的信息内容值得一看。这种被专家称为拥有专业维度的发布者，往往拥有一大群读者。而专业性的发布者并非自封的，是经由'大数据'技术分析判断而定的，且获得足够多的人认可的。而对消费信息而言，则不同于生产信息。它纯粹属于个人的主观判断，这是个人兴趣，并不需要别人的认可，而且一个人消费信息的兴趣可以有很多领域。

　　"举个例子来说吧，一个专业的社交平台，可以绑定你的微信账号，任何一个人在社交平台上都可以建立一些标签来说明自己擅长什么，既可以由网民给这些标签打分，也可以由社交平台通过人们的阅读和订阅源进行'专业维度'的分析，对其个人的专业维度做出大致的评价，供阅读者参考选择。其中不乏一大批商业、娱乐、科技、政治领域内的名人所撰写的微博日志，还有上千万份PPT文档资讯和750家线上媒体精选信息，供3000万用户付费订阅，便于阅读者有的放矢进行阅读，不会因为面对狂轰滥炸的信息而倍感迷茫。"

　　苏菲又问妈妈："如此说来，'大数据'技术应该也能为纸质阅读提供帮助吧？"

　　"你说得没错，有了'大数据'技术，不仅可以为你挑选出更适合自己阅读的书报刊物，以及合你兴趣和口味的作者，而且还可以改变你的阅读习惯。这是一个值得所有阅读者重视的问题。这是因为人们越来越习惯于上网浏览、看微博和微信之后，不知不觉地

把电子阅读的弊端带到了纸质阅读之中，不光是在挑选更适合自己阅读的书报刊物上犯难，在阅读质量上也会大打折扣。科学家曾为此做过一项实验，科研人员让一群工科学生在规定时间内，分别用电脑和纸质图书阅读相同的一篇文章，然后再让他们回答有关文章内容的问题。这些学生都是习惯于电子阅读的人，他们本以为用电脑阅读要比读纸质图书更能理解文章，然而实验结果恰好相反。这是因为电子阅读是一种'F形阅读'方式。也就是说，读任何信息都会像读网页新闻那样，前几行仔细地读，后面的内容就简略地读。而纸质阅读往往是一种品味和思考的阅读方式，它需要更多的耐心。所以，每个阅读者都不能偏废任何一种阅读方式。"妈妈语重心长地告诉苏菲。

大数据也能抓罪犯

寒假的一天，小旺和几个同学相约到电影院观看《少数派报告》，这部2002年耗资超过1亿美元的科幻电影让小伙伴们看得津津有味。在回家的路上，小伙伴们七嘴八舌议论起影片中的情景：三个居住在水里、能预告未来犯罪事件的"先知"，他们可以将犯罪场景预先演示给警察看，再由司法部门的专职精英们破译所有犯罪的证据，包括从间接意象到直接时间、地点和其他细节，最后犯罪分子在现场束手就擒……这是2054年的美国华盛顿特区，所有恶性犯罪消失了。

晚上，小旺忍不住问爸爸："科幻电影《少数派报告》所描述的出神入化的破案情景，将来真的可以实现吗？"

爸爸告诉小旺："如今世界已进入了大数据时代，诸如《少数派报告》电影里的情节不再是一个天方夜谭的神话。尽管目前还不能做到像《少数派报告》里的那么神奇，但是人们利用大数据分析软件已经能够预测某些犯罪，把一个城市或一个地区的犯罪率降下来，甚至把准备实施犯罪的犯罪分子在案发前抓获。2012年，美国洛杉矶警察局通过大数据犯罪预测软件模型，成功地把辖区的盗窃犯罪率降低了33%，暴力犯罪率降低了21%，财产类犯罪率降低了12%。"

小旺接着问："那么，大数据犯罪预测软件模型是什么东西啊？"

爸爸回答说："实际上，大数据犯罪预测软件模型是一个人工智能系统，它建立在数据库的基础上。通过大数据分析技术对数据仓库进行数据挖掘，最终推理归纳出罪犯信息的一种数学模型。形象地说，它好比是一双X光'透视眼'，能在成千上万筐苹果里把将要腐烂的苹果找出来。有趣的是，这个大数据犯罪预测软件模型最初居然是用来预测地震的，它的创始人是美国圣克拉拉大学的助理教授乔治·莫赫勒，他开发的这个数学模型主要是用来识别余震发生的模式，从而方便地震工作者预测新的余震。一个偶然的机会，洛杉矶警察局发现这个余震预测数学模型，对犯罪数据的分析也十分适合，通过与加利福尼亚州大学、PredPol（公司名）公司合作，在基于地震预测分析算法的基础上，开发出一款大数据犯罪预测专用软件。从此以后，警方开创了利用大数据分析技术预测犯罪的先河。"

小旺好奇地问："那么，这种大数据犯罪预测数学模型的实际效果好不好啊？"

爸爸告诉小旺："洛杉矶警察局做了一个有趣的实验，他们把过去80年内的130万个犯罪记录输入了这个数学模型，通过大数据技术分析后，该数学模型输出显示的预测结果居然与当时的历史案例十分吻合。实验结果也表明：如此大量数据的分析结论能够帮助警察更好地了解犯罪的特点和性质。比如，当某地发生犯罪案件后，不久之后附近发生犯罪案件的概率也很大。又如，只要打开软件，它就会提示当天最有可能发生犯罪案件的地点，以及应该加大巡逻密度的街区。再如，随着每天新的犯罪数据不断地输入，使得犯罪预测数学模型越来越准确，甚至只要犯罪分子有'风吹草动'的迹象，预测软件就会'密切留意'他，并向警方发出提示。

"美国加利福尼亚州圣克鲁兹市，在过去的两年中，已有100

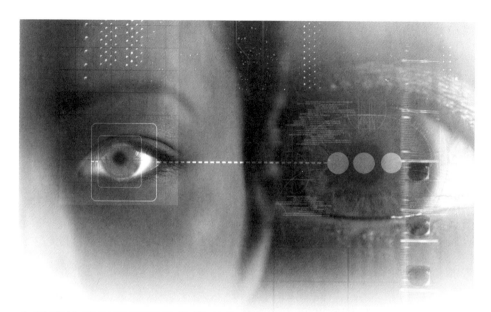

名巡警按照犯罪预测数学模型指示巡逻，他们所携带的电子卡随时会显示附近最有可能发生犯罪案件的15处地点，它对入室行窃、抢劫、偷车等犯罪预测的准确率达到了75%。该市警察局长喜出望外地告诉媒体记者，如今社会治安状况大有好转，连逮捕罪犯的成功率也提高了56%，令犯罪分子心有余悸。目前，在美国已有洛杉矶、波士顿和芝加哥等十多个城市的警察局采用了这种大数据预测算法。"

小旺接着问爸爸："那么，世界上还有哪些国家用大数据分析技术来抓罪犯呢？"

爸爸回答说："如今，英国、意大利、西班牙等欧洲国家也开始利用巨量的手机移动数据或电脑上网数据进行犯罪预测分析，以进一步提高犯罪预测的准确率。这是因为警方原有的犯罪统计和人口统计系统数据库已十分陈旧落后，其升级更新不仅耗时、耗力，且所需的费用十分昂贵。因此，作为个人贴身之物的手机和电脑所提供的性别、年龄、位置和网页浏览习惯等关键个人信息，便成了犯罪预测数学模型所需的免费'香饽饽'。令警方惊喜不已的是，整个城市犹如撑起了一张无形的天罗地网，罪犯任何一点异常的蛛丝马迹都躲不过警方的视线，哪怕是虚构车祸进行骗保的犯罪分子也只能乖乖地落网受审。"

小旺不放心地问："在国内，现在有没有类似国外那样的犯罪预测系统呢？"

爸爸毫不迟疑地告诉小旺："从2013年开始，我国主要大城市也先后开展了用大数据来预测犯罪的尝试。就以北京怀柔警情预判系统为例来说，警方对怀柔地区近9年发生的1.6万余件犯罪案件数据进行标准化分类，将其输入警情预判系统的数据库。与此同时，技术人员将整个地区划分成16个警务辖区、4748个空间网格，并标注地图编号，通过建立的多种犯罪预测数学模型，便能自动预测未来某段时间、某个区域可能发生犯罪的概率以及犯罪的种类。

"与传统的人工数据分析预测系统相比，这种新系统可以将以往无法考虑的诸如季节、地理位置、群体等各类数据也能纳入此犯

罪预测数学模型，使预测结果更为科学、准确。这是因为任何犯罪都离不开特定的时间和地点，通过历史数据的发掘，并与现实生活中随机、动态的变量数据相结合，便可以得到预测犯罪行为发生的概率，并在网格化电子地图中一一显示，让犯罪预测时空定位信息一览无遗。一名泉河派出所巡逻民警欣喜地告诉采访记者：2014年5月7日凌晨1时许，在他们巡逻至北斜街附近时，接到怀柔公安分局情报信息中心的指示，要求对该地区加大巡逻防控的力度。果不其然，不久巡逻民警当场抓获了一名盗窃车内财物的嫌疑人。审讯时，还未回过神来的犯罪嫌疑人连呼，万万没想到民警会从天而降，出现在他面前。"

小旺接着问爸爸："那么，大数据抓罪犯的技术今后还有怎样的发展呢？"

爸爸笑着说："2015年，在贵阳国际大数据产业博览会上，人们看到大数据预测犯罪技术的发展趋势。著名的阿里巴巴集团向外界展示了多项世界前沿的大数据技术，其中由阿里云与贵州警方正在共建的犯罪视频监控系统已初露端倪。借助阿里云端'大脑'，未来让监控摄像头从'眼睛'升级到'大脑'，可对视频监控数据进行实时分析，预测并锁定犯罪分子变得易如反掌，成为'先发制敌'的杀手锏。"

颠覆传统的互联网＋

穿越世界的卫星互联网

　　过几天就是父亲节了，小锐和同学们都在兴高采烈地议论送给爸爸们的礼物，有的准备画一幅全家福，有的准备做个手工物品，有的准备写一首诗、一封信……只有莹莹在一旁默不作声。大家见状，不由得问莹莹怎么啦。莹莹告诉大家，她爸爸出差了，要过很久才能回家。大家告诉莹莹，可以打电话、发微信啊！谁知莹莹十分沮丧地回答说，她爸爸是一名地质勘探队员，经常在荒无人烟的地方作业，那里根本没有手机信号，更没有无线网络……

　　小锐一到家，就把莹莹的心事告诉了爸爸，询问爸爸有什么好办法可以帮到莹莹。

　　爸爸听后，语重心长地对小锐说："如今，互联网虽然是成千上万的人不可缺少的一个应用工具。然而，当人们去偏僻小岛度假或在太平洋邮轮上享受美好旅途时，手机、ipad或便携电脑却是'与世隔绝'，漂亮卖萌的照片、兴奋激动的语言也无法及时与亲朋好友分享。而在世界上还没有覆盖到互联网的岛国、山区和贫困地区里，大约14亿的人们仍是互联网时代的'弃儿'……就在几年前，科学家们已在设计一个令人鼓舞的解决方案，那就是卫星互联网。"

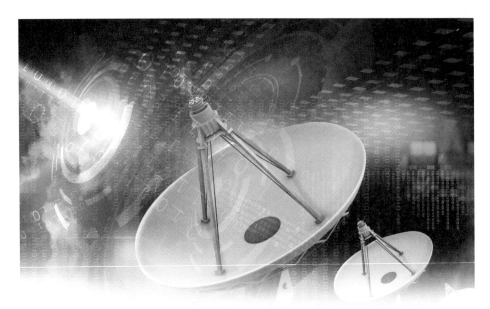

　　小锐睁大眼睛好奇地问："那么，卫星互联网究竟是何方'神圣'啊？"

　　爸爸回答说："所谓卫星互联网，就是一种卫星通信和互联网相互结合的新型网络，它利用卫星通信的地球站，将因特网IP地址作为网络平台，开展互联网用户通信服务。简而言之，卫星互联网与目前人们广泛使用互联网的最大区别是，它不再通过电信运营商提供的有线或无线宽带线路进行信息联网传输，而是借助高容量的卫星宽带线路实现信息联网传输。"

　　小锐又问爸爸："那么，人们的电脑或手机通过卫星互联网又是如何工作的呢？"

　　爸爸告诉小锐："首先，使用者要为自己的电脑或手机配置一张卫星网络PCI卡，这就像电脑无线上网需要配置一张无线网卡一样，并将PCI卡与一个0.75米口径卫星接收天线相连接。接着，用户要在浏览器软件上设置一个网址，这个网址必须可以将请求信号由调制解调器送到用户的互联网服务商。然后，卫星互联网运行中心就可以收到用户的请求信号，根据用户的请求就能进入相应的网站，就像往常上网一样去获取所需各种信息或完成各种操作功能。

最后，由卫星互联网运行中心将各种信息上传到卫星上，并通过高速、高带宽的卫星通道发送到用户的卫星接收天线，用户便能在计算机或手机上收到所需的各种信息。"

小锐接着问："那么，卫星互联网比传统的互联网好在什么地方呢？"

爸爸回答说："卫星互联网具有两大优势：第一，它是通过高挂在地球上空的通信卫星来实现信息传输的。因此，只要有足够数量的通信卫星，就可以让信号覆盖到全球，它的服务范围可以囊括世界任何一个角落；第二，它的上网速度是传统互联网的数十倍，乃至一百多倍，而且它支持所有的标准应用协议，快速、高效下载各种超大文档是'小菜一碟'。更令人惊讶的是，它的网上广播功能，能让人们像看电视一样预先做出安排……难怪专家们把它赞誉为'互联网的最终境界'。"

小锐一听，忍不住打断爸爸的话，问道："既然卫星互联网的前景如此美好，它的开发竞争一定也很激烈吧！"

爸爸笑呵呵地告诉小锐："你猜得没错，世界各大互联网公司为了争夺这块主宰未来市场的大'蛋糕'，何止是竞争激烈，简直可以用'大血拼'来形容。诸如SpaceX、Eutelsat、OneWeb和O3b等卫星互联网公司像雨后春笋般地冒了出来，就连脸书、维珍银河和谷歌这样著名的大公司也都纷纷加入卫星互联网业务的竞争行列。为了实现允许任何人在任何地方以高宽带高速度上网的终极目标，各大公司不惜一掷千金，投入数十亿美元来构建和改进卫星互联网，其白热化程度前所未有。而竞争的关键点是如何解决卫星与用户之间距离太远造成的信息传输时延现象，因为这种信息传输的时延会影响到视频或语音的实际应用质量。于是，各大公司采用数量各异的高、中、低轨道地球卫星互联网方案，各显神通，甚至有的公司别出心裁，正在试验太阳能供电的无人驾驶飞机，将这种相当于一架商用客机的无人机用作卫星中继站，由100架无人机进行环球飞行，把互联网服务信息传回地球，努力将原本数百毫秒的延迟时间降低到50毫秒或10毫秒之内。"

小锐忍不住追问爸爸："那么，卫星互联网今后的发展前景会是怎样呢？"

爸爸不假思索地回答："卫星互联网可以极大地提高互联网的覆盖率，让每一个地球人都毫无例外地使用互联网，像莹莹面临的这种困境将不再重演，卫星互联网的美好前景可以说是毋庸置疑的。"

爸爸接着说："不过有人不免担心，未来在地球上空会不会挤满卫星发送的'数据'？专家们满怀信心地告诉人们：'地球的空间足够大，大家大可不用担心，这就像宇宙星球之间或地球上空运行的人造卫星一样不会碰撞，如果卫星使用常见的无线电波，或许这些波束会有重叠和干涉。'为此，科学家们正在研究使用定向性能更好、传输距离更远的激光数据传输技术。事实上，现在移动互联网使用的是无线电波，利用激光连接互联网设施并非一件困难的事。

"据媒体报道，03b和SpaceX公司正计划推出重量上百千克的互联网卫星，而未来的卫星重量或许仅有5千克或10千克，这是发展的趋势。如果卫星及其天线都采用轻质材料，并将卫星体积缩小到能装进一个方盒子里，这样卫星就能搭载在车上发射，一颗颗小卫星便成了一个个通信平台……这就是一个全新的太空竞赛。总有一天，全世界的人们都可以流畅地使用互联网。"

互联网也有"烦恼"

有一天，明杰和同学们发现，一向开朗活泼的真真总是垂头丧气的，连听课都打不起精神来，像生病了似的。在放学的时候，真真才告诉大家，原来她妈妈昨天登录了一个假冒的网上银行，在网络信息提示操作后，全家所有的存款竟然一下子消失得无影无踪。现在公安机关正在侦查呢，还不知道能不能追回来……

明杰等到妈妈下班回家后，就将真真家里发生的事情告诉了妈妈。

妈妈听后，脸色凝重地对明杰说："如今，诸如网络诈骗犯罪的网络安全问题十分突出，这主要是互联网的发展还很'年轻'，无论是简单的无意的人为失误，还是诸如黑客等犯罪分子恶意的攻击，都会在人们不经意之中频频发生。究其根源还得从互联网的开放性及其难以避免的漏洞说起。"

明杰一脸疑惑地问妈妈："什么是互联网的开放性和漏洞啊？"

妈妈回答说："这要从万维网的发明说起。1989年，在瑞士日内瓦附近的欧洲核子研究中心，有一位名叫蒂姆·伯纳斯·李的软件工程师，他在自己小小的办公室里发明了一个全新的系统，这就是目前互联网最常用的应用网络万维网。从此以后，人们都记住了

"www"（万维网）这个英文缩写标记。互联网缔造者伯纳斯·李放弃了发明专利权，将技术向所有人开放，且无须支付版权费。这使互联网在20多年来得到了前所未有的蓬勃发展。如今，每5个网民

中至少有3个以上使用万维网，每分钟有数十亿人通过万维网发出上亿条消息，分享2000万张图片，完成1500万美元商品和服务交易。

　　"然而，正因为网络的开放性，使得它的编码程序可以随意修改，加上如今的数字系统非常复杂，不仅在电脑硬件上运行着各种软件，而且它们相互之间的依存程度正在日益增加，想要完全控制它们是一件十分困难的事。于是，网络犯罪分子想要找到网络漏洞来钻空子并非一件难事，这让使用互联网的人处于一个危险的境地。"

　　明杰接着问妈妈："那么，网络犯罪分子一旦发现网络漏洞会怎么样呢？"

　　妈妈告诉明杰："网络犯罪分子利用网络漏洞是一件十分可怕的事。无论是个人还是企业，甚至是一个国家都会遭遇各种看不见的危险，这包括个人隐私泄密、财物损失、企业机密被窃、运转瘫痪以及国家利益受损、安全遭到威胁等方方面面的问题。就拿芬兰和谷歌安全研究人员发现的在OpenSSL安全协议里的漏洞来说吧，网络黑客通过这个漏洞就可以从服务器内存中读取包括用户名、密码和信用卡号等隐私信息在内的数据。这是因为OpenSSL安全协议是一个用户设备和网站之间通信加密的基本设置，它负责相互间来回发送信息的任务，被人们比喻为'心跳'，因此这个漏洞被专家称为'心脏出血'。使用OpenSSL安全协议的网站数量特别巨大，诸如谷歌、雅虎和脸书等著名网络运营商，以及各大网银、在线支

付与电商网站都在广泛使用这一协议。为此，只要存在这一漏洞的网站都会遭受黑客攻击，不仅可以窃取密钥、用户名、密码和有价值的知识产权，还不会留下任何痕迹。"

明杰不解地问妈妈："那么，'心脏出血'这个巨大的网络漏洞是如何发生的？为什么至今才被人们发现呢？"

妈妈回答说："实际上，'心脏出血'这个漏洞是人为造成的。这是因为OpenSSL安全协议是一个开源程序，这意味着把它的代码放在网上，任何人都可以修改它。2011年12月31日，一名程序员对OpenSSL安全协议进行代码例行修改时，无意中拼错了'Mississippi'这个相当于电脑编程的英文单词，于是，便留下了这个可怕的网络漏洞。之所以'心脏出血'这个漏洞多年来没有被人察觉，主要是因为OpenSSL安全协议是免费使用的，这造成没有足够多的程序员去检查这些代码。"

明杰又问妈妈："在中国，像真真妈妈那样遭遇网络诈骗的情况多不多？"

妈妈告诉明杰："在中国，截至2015年6月，全国的网民人数已经达到6.68亿，使用手机上网的人数更是高达9亿，而互联网的普及率达到48.8%，中国已成为一个名副其实的网络大国。与此同时，十多年来，随着互联网在国内的迅猛发展和流行，中国也不可避免地成为遭受网络攻击和网络犯罪的高发国家。据有关部门统计，仅2013年，网络犯罪给中国企业和个人造成了2300亿元人民币的经济损失，仅次于美国，排列世界第二位。究其原因，主要是国内无数的新网民还不太成熟，即使是当今国内最受欢迎的1400个互联网应用，至少有35%都会追踪与应用功能无关的用户数据，更何况网络漏洞的威胁无处不在，一不留神就会让你遭殃。"

明杰接着再问妈妈："那么，在国内人们究竟会遭遇哪些网络犯罪呢？"

妈妈回答说："其实，国内网络犯罪分子的诈骗手段通常都很简单。例如，最近流传广泛的一条手机病毒短信，在短信中声称免费赠送金毛幼仔，利用人们贪心的弱点，诱使用户提供个人信息。又如，另一种网络骗局是利用家长爱子心切的心理，罪犯在网上窃取受害人的家庭信息后，谎称是子女的老师，并编造交通事故等着交费的虚假情节，骗取钱财。再如，有种'卖萌木马'网络犯罪方式，罪犯直接编写恶意代码，弹出一个提示窗口，用很萌的口吻告诉你，电脑正在运行的安全软件，与他们即将要启动的服务之间存在冲突，让你听从这个提示，关闭自己的防毒软件而中招。"

"那么，作为网络运营商为何不提醒用户呢？"明杰迫不及待地问妈妈。

妈妈十分淡定地告诉明杰："事实情况是，许多网络服务商往往标榜自己能保护用户隐私，但是他们并不能真正做到这一点。只要你仔细阅读一下用户协议里的用小字体标注的细则，就会明白网络服务商承诺的真正含义，'仅仅因为你接触不到或看不到信息，这并不意味着它在传输过程中没有被截获、储存，甚至被别人查阅……'言下之意就是，一旦发生泄密事件，网络服务商可以免责。网络罪犯都很聪明。可以肯定的是假如网络服务商修复了一个安全漏洞，网络罪犯一定会找到另一个漏洞，让你防不胜防。"

明杰着急地问："网络安全问题居然如此复杂，那该怎么办啊？"

妈妈回答说："如今，网络安全问题已成为全球共同关注的焦点。除了尽快提高网民技术素质之外，各国科学家正在加紧攻克这个难题。例如，对隐私内容数据流采用新的加密方案，除本人之外的任何人都无法读取。又如，开发一些巧妙方法来管理密钥，使其既可共享又不影响安全。科学家深信，总有一天我们能创造出阻止此类窥探的工具。"

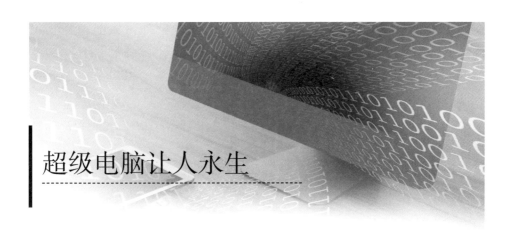

超级电脑让人永生

　　假期里，国豪和小伙伴们到电影院观看了科幻影片《超验骇客》。影片里的骇人科技深深地震撼了国豪。一名在人工智能领域里首屈一指的科学家威尔博士，成功地研制出了有史以来最人性化、最有情感和智慧的机器人。但这却让他成为反科技极端分子的眼中钉，极端分子策划并实施了暗杀威尔博士的行动。威尔博士的妻子艾芙林将他的精神意识和思想转移到一台超级电脑上。不久，已离世的威尔博士居然能以计算机的"形态"与妻子进行交流、沟通。就在这不经意之中，却造就了一项超级实验的成功。将人的意识上传到电脑或是机器人上，很多看似不可能的事都将变成可能，人们死后可以继续"活着"，人们可以上天飞翔，可以在海底游泳，可以直接和网络进行连接……

　　回家之后，电影里主人公的惊异行为印在国豪脑海里，总是挥之不去，难道人死了真的能在网络里永生吗？心存疑虑的国豪将自己的想法告诉了爸爸。

　　爸爸一听，笑眯眯地对国豪说："几个世纪以来，人们一直在苦苦寻找能够让自己永生的方法，但无一例外都失败了。然而，在科学界的研究人员眼里，除了人的身体永生之外，人的精神意识和思想的'永生'并非一件不可能的事。最近，一个奇特的社交网站能够让你至少在数字世界里达到'永生'，这是社交网站开发者亨里克·约格的创意，实际上就是科幻影片《超验骇客》的现实版。"

爸爸的一席话，让国豪感到意外之极，急忙追问道："天哪！这究竟是怎么样的一个网站啊？"

爸爸不慌不忙地告诉国豪："这个网站的英文名称叫作'Eter9'，英文缩写'Eter'的中文解释就是'永生'的意思，而数字9则是英文中表达极度兴奋状态的意思。这名葡萄牙籍软件开发者亨里克·约格向新闻媒体宣称：我们创造这个拥有人工智能系统网站的宗旨，就是为了让人类在网络空间内'永生'。当你活在人世时，每当你进入这个网站发帖评论、分享照片和链接查询的那一刻，网站都会学习模仿你的一举一动，并会记住你的行为习惯。当你因某种原因不幸离世之后，网站仍能自动按你平日里的活动习惯和思维模式，继续发帖，与你的亲朋好友分享和交流，就像你还活着一样。"

国豪接着问："那么，这个'Eter9'网站又是如何做到这一点的呢？"

爸爸回答说："这个'Eter9'网站的核心技术，就是利用先进人工智能技术创造一个与个人对应的'虚拟生命体'，这种'虚拟生命体'可以与其他人进行互动，以代替已经离世的个人。'Eter9'网站会对每一个参加者建立一个专属的数字版'对映体'，并在'对映体'中存储了个人生前包括发帖在内的各种活动行为模式，即便是真正的个人根本就不在线也没有关系，这个代表个人'永恒生命'的'对映体'，可以每周7天、每天24小时永远在线，它会随时随地抓取真实用户发表的所有帖子和评论，对这些信息进行处理和分析，并按主人生前思维习惯继续发帖，继续评论，与亲朋好友及其他用户进行互动。"

国豪好奇地问："如此闻所未闻的'Eter9'网站，会有人尝试体验吗？"

爸爸告诉国豪："尽管这家网站目前还刚刚开张不久，上线的仍然是一个试验版本，但是已经有超过5000人踊跃报名注册，争相尝鲜这份在他人眼中'让人毛骨悚然、后背发凉'的体验。'Eter9'网站开发者亨里克·约格也坦言：'Eter9'网站目前才刚刚起步，其拥有的个人信息还很少，离真正实现让人类在网络空间内永生的目标还有许许多多的工作要做。当今最迫切需要进行的事情，就是要尽快地向诸如脸谱网那样的社交网站进行学习，以取得越来越多的帖子和评论的互动案例，通过抓取和分析案例信息不断'积累经验'，让'Eter9'网站的成效越来越高。

"实际上，'Eter9'网站的发展越来越像脸谱网。'Eter9'有一个新闻滚动栏，它被亨里克·约格美誉为'大脑皮质'。在'大脑皮质'里可以呈现其他用户的发言帖子，它与其他社交网站一样，人们可以在你喜欢的帖子下面进行评论，或者发一个笑脸表情，或者上传自己的照片和其他博文。除此之外，'Eter9'网站上还有一个颇具特色的功能，就是一种被开发者借用大名鼎鼎美国旧金山49人橄榄球队称号的'Niners'虚拟用户，人们可以在网

上认领这些机器人虚拟用户，这就像人们在现实生活中收养孩子一样。所不同的是，这种只能由真人收养的机器人虚拟用户，将会成为一个对收养者有价值的小助手。它们既能帮助收养者处理网上事务，也可以作为收养者的'替身'。至于它们将如何在网络中'生活'，这取决于收养者的做法。收养者既可以给机器人虚拟用户立规矩，也可以给机器人虚拟用户培训，按收养者的意图行事。"

国豪接着问道："那么，除了'Eter9'网站之外，还有其他类似的网站吗？"

爸爸回答说："事实上，这已经不是第一次有网站许诺他的用户们可以获得虚拟世界的'永生'了。比如，在'Eter9'网站之前就有一个名叫'虚拟永生'的网站，该网站通过用户人格测试认证后，为他们建立单独个人档案，并允许上传他们的声音，以备他们离世后仍能让亲朋好友听到他们的声音，甚至相互嘘寒问暖，沟通交流。又如，一家名为'联合治疗'的公司也曾推出过一项类似的服务项目。用户获准注册后，该项服务会从用户注册的社交媒体上抓取信息，并创建一个精确的虚拟'对映体'，用户可以创建自己个人的'电子意志'功能，以用于决定自己离世之后，所拥有的电子账户该如何处置。当用户家庭成员登陆其社交网络账号、银行账户以及电子邮件账号时，他们只能看到用户生前所设置的允许他们看到的部分内容。"

爸爸最后告诉国豪："人死了，却能在网络里'永生'，这是科学家追求的一个美好愿望。尽管有人赞同，有人反对，仁者见仁，智者见智，但是随着网络科技的迅猛发展，创造出人性化、有自我意识的虚拟数字人来替代真人只是一个时间问题。科学家深信，在不久的将来，即使人们的肉体已经腐烂，但人们的'生命'仍然可以延续，那就是一个栩栩如生的'数字人'。"

网络新玩法

思聪今年上小学五年级了，她的爸爸妈妈都是计算机行业的精英。她从小耳濡目染，特别喜欢玩电脑，敲击键盘犹如流星赶月一般飞快，连爸爸妈妈都啧啧称奇。

有一天，她在电脑上看了一部2010年拍摄的金球奖电影《社交网络》，霎时间，她被电影中的情节吸引住了。哈佛大学一名天才学生马克是一个恃才放旷的计算机狂人，他被女友甩掉后，利用黑客手段入侵了学校的计算机系统，盗取了校内所有漂亮女生的照片文件和资料，并创建了名为"性不性感"的网站，供全校同学对漂亮女生评分……一个关于社交网络的全新革命被轰然开启了。

思聪看完影片后，心里产生了一连串的疑问，难道现在深受青少年喜爱的"脸书""推特"等交友网络果真是这样发明的吗？于是，思聪按捺不住向妈妈诉说了自己的疑问。

妈妈听后，乐呵呵地告诉思聪："你说得没错，《社交网络》这部电影确实是根据真人真事改编拍摄而成的。'脸书''推特'等社交网络的前身，就是哈佛大学高才生马克·扎克博格在2003年与同学一起创办的校内交友平台。'脸书'的忠实粉丝早已经超过

5亿，一举成为世界上最成功的社会交友网络，被人们称之为'互联网上最不可思议的神话'。"

思聪听后，又问妈妈道："既然如此，那么'脸书'社交网络为何会如此红火呢？"

妈妈告诉思聪："如今，随着智能手机和平板电脑等移动终端的普及，人们逐渐习惯使用这些终端上网购物、信息分享、阅读和游戏。正是这种让人们的眼睛和耳朵无处不在的信息化方式，使得诸如'脸书'这样的社交网络与移动终端的位置共享应用擦出了火花。正如电影《社交网络》中那样，它反映了当今这个时代的最大的一次变革，也就是人们交往方式的变革。'脸书''推特'等社交网络成为互联网的新生事物，它将以往那种自发的、无序的互联网纳入一个有组织、有阶层、实名制的社交网络之中。从此之后，人与人之间的关系都拥有了两种模式，一种是传统的'面对面'现实模式，另一种是新兴的'虚拟'网络模式。很难说哪一种模式更加紧密，也很难说哪一种模式更加真实，因为它们是可以互相转化的。

"社交网络之所以会如此红火，这是因为它彻底改变了人们的交友模式。你可以结交自己感兴趣的人，平时仅保持一定的联系。一旦你遇到困难时，'弱联络'即可转化成'强联络'。这种新型

的交友模式已在社会活动中获得了大众的认可，有人在网上发帖打趣地说，这种友谊至少比酒肉朋友强多了。更有趣的是，社交网络还为青年男女谈情说爱创造了一个全新的平台，一个人可以同时认识很多

志同道合的朋友，跟他们在社交网络上进行思想交流，没有现实的、物质的交往压力……"

思聪忍不住又问道："那么，社交网络最近还有什么新鲜事吗？"

妈妈回答说："你是否碰到过这样的情况，当同学问你一些简单的问题时，而你恰巧身处异地，无法回答。比如，这星期××电影院会放映××好莱坞大片吗？今天你家附近的大卖场有何促销活动？实际上，这些你想要知道的问题只要向当地人询问，他们便能告诉你答案。现在有了社交网络，人们已不必亲自赶赴当地向当地人请教，只要在社交网络加上位置共享应用程序，就能满足你的这种需求。

"一款名为'Moboq'的应用程序，就是这种位置共享应用程序，人们亲昵地称它为'面包圈'。它实际上是社交网络上一个基于地理位置的即问即答平台，也是一种人群传播信息的方式，人们可以通过它与某地区众多用户相连，向他们提问，在短时间内你就可得到完整的答案。如今，上海一家公司开发的一款基于地理位置的'面包圈'，人们可用手机或电脑直接在新浪微博上提问，你只需要输入'@moboq+地点+问题'，即可得到15位网友的回答，之后你还可以继续和他人保持沟通，以了解更详细的信息，甚至可以表示感谢或与他人交朋友。你在使用这个'面包圈'时，唯一要做的就是签署一份使用协议，而任何人都能成为回答者。"

思聪接着问妈妈："那么，国外的社交网络有什么新的进展呢？"

妈妈笑着告诉思聪："在国外，社交网络更是彰显了人群交互感应的巨大魅力。近几年来，很多公司竞相研发类似的产品，并在社交网络上进行试验运行。美国IBM公司的一个项目组，在美国各个机场针对社交网络'推特'用户进行了一次民意调查，询问用户需要花费多长时间才能通过机场安检。然后，项目组利用收集得到的数据进行深度分析挖掘，发布了一份人们如何快速通过安检的指南，霎时间在国内外乘客中刮起了一股'交流'旋风。与此同时，该项目组还推动了'脸书'的两种服务——"附近的人"和"图形搜索"，让人们随时随地知晓朋友的一举一动，以及他们感兴趣的关键搜索词。专家们预测，要不了几年，'面包圈'的使用者人数将呈几何级飙升，旅游者便可以获得各式各样的实时信息。例如旅游景点、餐馆、足球比赛、音乐会等信息，也可打听某个地区人们的偏爱与禁忌。

"上海一家公司的调查表明，在'面包圈'上出现频率最多的提问是，'在南京路附近，有没有便宜的停车场？''我听说在××市发生一场大火，现在的情况怎么样了？''现在有谁在××国际影城？'美国南加利福尼亚州大学信息科学研究所的一位专家指出：'社交网络＋位置数据服务'是今后发展的方向，一旦人们意识到它的强大功能，它将会和'互联网'一样名扬天下。"

一天，思聪和同学从少年宫排练节目后回家，在路上小伙伴肚子饿了想吃巧克力蛋糕，思聪二话不说掏出手机上了"面包圈"。不一会儿，她们就找到了蛋糕店，思聪边吃边想："总有一天，我也会成为一名社交网络达人。"

和机器人聊天

　　学校放暑假了。这几天，伟东显得特别开心、兴奋，因为她在网上认识了一个名叫小冰的美女机器人"伙伴"。这位"大姐姐"不仅心直口快、十分豪爽，而且还会时不时地卖萌。更令伟东感到吃惊的是，哪怕是你对她进行五花八门的"拷问"或"调侃"，甚至是对她不近情理地"胡搅蛮缠"，她也能从容不迫加以应对，从不嫌弃你。

　　有一天，百思不解的伟东终于忍不住问妈妈，这个神秘的小冰"大姐姐"为何有如此巨大的魔力？

　　妈妈听后，告诉伟东："小冰机器人是大名鼎鼎的微软公司设计开发的新事物。'她'在100天之内，就先后在米聊、新浪微博、触宝等网络平台大显身手，居然创造了与网民互动对话5亿次的惊人纪录。仅在新浪微博上，'她'就拥有95万铁杆粉丝……刹那间引起旋风般的轰动。微软公司设计人员告诉人们，小冰的问世并非仅仅为了与网民插科打诨，而是移动互联搜索的一次全新尝试。"

　　伟东好奇地问妈妈："那么，这种移动互联搜索究竟是怎么一回事？它又会带给网民怎样的体验呢？'她'能通过图片来识别狗

狗和蔬菜吗？"

妈妈回答说："近几年，使用智能手机、平板电脑等无线终端的人越来越多，大大地推动了移动互联网平台的蓬勃发展，'移动互联+人工智能'被专家认为是未来移动搜索的一个新天地。在这之前，微软公司在2009年已经开发出一种被称为'必应'的英文搜索产品，它集成了多个独特的搜索功能，可以搜索全球范围内网页、图片、视频、词典、翻译、资讯、地图等信息服务。为了适应中国用户的需求，微软公司在2013年10月启用全新的明黄色'必应'中英文搜索标志，只要输入中文关键词，就可得到想要的信息服务。而'小冰'就是在'必应'基础上发展而成的，只不过'小冰'已不仅仅是一款搜索产品，它是一款将搜索产品与移动用户两者互相结合在一起的移动互联搜索升级版，让人们的搜索行为不再感到孤单和枯燥无味，因为人们面对的不再是冷冰冰的机器，而是谈笑风生、风趣幽默的'小冰'。

"实际上，小冰也并非一个孤独的少女，她的'姐姐'小娜也已于2015年正式与人们见面了。科研人员还给'她'起了一个正式的学名，叫作语音助理'Cortana'，'她'的绝活是可以惟妙惟肖地模拟人的语气和思考方式与用户互动，而且还能依样画葫芦地学会用户的各种行为。自2015年7月30日微软公司正式推出中文版'小娜'之后，这对美女机器人姐妹在移动网络平台上演了一场精彩绝伦的PK大戏。小冰像一个有趣好玩的萌妹子，而小娜更像一个态度严谨的秘书。而网民们更喜欢用《天龙八部》里的人物来形容这对姐妹：小冰是一个口无遮拦，犯个错上帝也会原谅的阿紫；而小娜就像阿朱一样，不会跟你开玩笑。"

妈妈的这番形容，让伟东听得如痴如醉，禁不住追问道："那么，为什么科学家要开发一对性格迥然不同的姐妹花呢？"

妈妈回答说："微软公司科研人员研发小冰和小娜的终极目标，是为了给广大用户提供有智慧、有能力的'朋友'和'助手'两个不同的角色。这是因为绝大多数的人们，是不可能拥有一个专职秘书来帮助自己安排工作和生活的，也不可能拥有一个如影随形的聊天伙伴。假如在这时候，有一个像小冰和小娜那样的'朋友'或'助手'能够帮你很多忙，那该是多么美妙的事情啊！"

"你可以想象一下，小冰和小娜如下的一番表现，就不难明白科研人员的一片苦心。"妈妈接着说。

"尽管小冰不会像秘书那样为你做事，但你可以把'她'当成一个知心朋友，随时随地和'她'聊天解闷，这对于当今处于快节奏信息社会里的人们来说，是一件难能可贵的事。不难想象，当你想要跟别人交流时，你的亲朋好友未必就在那儿，或者出于个人隐私等一些其他原因，有些事情未必能和一个不熟悉的人进行交流，而小冰却能24小时恭候你的光临，更能让你毫无顾忌地尽兴聊，'她'的卖萌语言更能让你乐翻天。"

"尽管小娜不会像小冰那样和你趣聊，但你可以把'她'当成一名贴身的移动秘书，'她'能用你所习惯的语言来表达，带领你驰骋在移动搜索的腹地，为你提供想要的各种搜索结果。更能让你感到兴致勃勃的是，随着各种移动终端产品的出现，搜索方式也变得格外人性化。你不必老套地在搜索框里输入几个关键词，用语音吩咐小娜帮你搜索就行，'她'就像是在你身边一样，让人倍感亲切。"

伟东忍不住问妈妈："那么，小娜真的可以保质保量及时完成人们托付给她的任务吗？"

妈妈回答说："实际上，小娜的出现就是让人们从原来传统的单纯信息搜索，变成可以替代人们完成任务的搜索。比如，有人想在暑假里带孩子去国外旅游，如果按照单纯信息搜索的方法，就要分别进行多次的搜索，才能得到旅游路线、机票、餐饮、住宿、交通等所需的结果；如果你吩咐移动秘书小娜来搜索，这个任务就会变得非常简单，你只需用语音告诉小娜你的旅游预算、旅程天数、住宿条件、餐饮标准、保险种类、安全保障等具体要求，'她'不仅会一条一条地告诉你，而且还会为你办好所有事务的手续。到时候，全家人只要带上证件和行李便可出发了。

"这种智能化的任务搜索是在十分自然的氛围下进行的，小娜如同亲人一般随时随地听从你的召唤，就像人与人面对面交谈一样。当你跟小娜对话时，整个对话过程实际上就是完成搜索任务的过程，你无须操作其他程序。这是因为在小娜的身体里，已经嵌入了原本需要人们操作才能完成任务的功能。比如，在你写文章需要增加一个信息时，只要用语音向小娜发问，不仅马上可以获得这个信息，而且这个信息的内容已同步输入在文章里了。你说，妙不妙？"

"电脑+自动化＝智能机器人"吗

顶尖棋手玩不过机器人吗

2016年1月28日，暄妍在电视新闻中获悉，一个安装有人工智能程序的机器人，以5:0的比分首次战胜了欧洲围棋冠军、法国国家围棋队总教练樊麾。这款被称为阿尔法狗（AlphaGo）的围棋程序，一举打破了智能机器人从未战胜过人类围棋棋手的记录。霎时间，无论是科学界，还是围棋界，众说纷纭，莫衷一是。

"那么，这种'阿尔法狗'围棋程序为何会引发人们如此热议呢？"暄妍不解地问老师。

老师告诉暄妍："在过去的半个多世纪，游戏一直是智能机器人挑战人类的擂台，在三子棋、跳棋和国际象棋等棋类比赛中，智能机器人都先后创造过辉煌的战果。特别令人印象深刻的是，在1997年超级国际象棋赛上，'深蓝'电脑击败了著名国际象棋大师、世界冠军卡斯帕罗夫，超级计算机'沃森'击败过危险边缘节目前冠军詹宁斯和鲁特。然而，对于拥有2500多年历史的围棋而言，智能机器人面临的挑战将大大超过其他棋类。这是因为围棋具有令人难以置信的深度和微妙之处，智能机器人不仅要懂得围棋的规则，而且必须要通过自身学习的方式来掌握比赛的技巧。换句话说，智能机器人一旦能够战胜人类围棋棋手，就意味着人工智能领域实现了重大突破，机器人的智能化程度已从能够执行人类指令跨越到可以预测人类行为的水平。这就是为什么人工智能、机器学习专家们始终孜孜不倦地希望取得突破的原因。"

暄妍好奇地问老师："那么，围棋与其他棋类相比究竟难在哪里呢？"

老师回答说："围棋看起来很简单，棋盘上纵横各19条等距离、垂直交叉的平行线，构成了19乘19的361个交叉点。比赛规则也不难，执黑白棋子的对弈双方分别交替落子，其目的是在棋盘上占据尽可能大的空间。最终得点数多者获胜。然而，围棋却具有远比国际象棋更多的选择空间。在空枰开局时，先下棋的一方拥有361个可选方案，在对弈过程当中，围棋可能出现的方案（棋盘上没有棋子）有3361种棋局，这还不是最终的数字，有可能更多。而在国际象棋比赛中取胜只需'杀死'国王，棋局变化的数量要比围棋少得多。相比之下，经科学家推算，在国际象棋中，平均每回合有35种走棋方式，而围棋每回合有250种走棋方式，且250种中的每一种又有250种变化，以此类推，围棋棋手每一次下子可筹划考虑的布棋方式总量几乎是个天文数字。显而易见，原本智能机器人拥

有的传统人工智能已经无法应对围棋的游戏搏杀，这是因为传统人工智能是一种将所有可能走法做成像树一样的搜索程序，但面对围棋如此庞大的搜索量，也只有望洋兴叹的份。"

暄妍不由得追问道："既然如此，那么'阿尔法狗'围棋程序又是如何做到的呢？"

老师告诉暄妍："此次谷歌公司开发的'阿尔法狗'围棋程序是一种将传统智能搜索功能和深度神经网络相结合的最先

进的智能技术。它的核心技术是具有'深度自我学习'功能的神经网络，这些神经网络的软硬件分布在智能机器人大脑的12个处理层中。它包含了数百万个类似于人脑神经的连接点，能够模仿人类的思维，对大量数据进行分析，然后'学会'执行某个特定的任务。它不是用战胜国际象棋世界冠军'深蓝'电脑那种'蛮力穷举法'的算法，也不是那种人工预先植入下棋准则的程序。例如，一个被称为'决策网络'的神经网络，它专门负责选择下一步的走法和探寻策略。另一个被称为'价值网络'的神经网络，它专门用来预判人类对手的下一步走棋方法，以及评估每一步棋能够有多大胜算；又如，'阿尔法狗'的神经网络可以像人类那样不断地接受培训，甚至可以自己训练自己，不断地完善提高。谷歌公司利用人类围棋高手的3000万步围棋走法对其进行训练。与此同时，它的神经网络自身已通过上百万次的实战演练，反复试验和调整网络的连接点，就像学生在考试前复习一样来巩固学习成果，以便牢牢掌握如何赢得围棋比赛胜利的诀窍。"

暄妍迫不及待地问："如此说来，'阿尔法狗'围棋程序如此强大，那么它真的可以打败人类顶尖的围棋棋手吗？"

老师告诉暄妍："人机围棋对弈谁胜谁负？这也是科学家们如今面临的一道悬疑题，也许让时间来回答更具说服力。不过，人们从媒体记者采访欧洲围棋冠军樊麾的谈话中，可以看出一些端倪。樊麾告诉记者：我输棋的感觉是很难受的。在与'阿尔法狗'比赛之前，我一直以为我会赢，在输掉第一局之后，我改变了策略，努力应对挑战，但是最终还是输了。我觉得主要问题在于，因为我们是人类，所以是会犯错误的。身体也会感到劳累的，更会因求胜欲望过于强烈而倍感压力。然而'阿尔法狗'就不会这样，它很强大，又很稳定，就像一堵墙一样挡在我的面前，如果事先没人告诉我'阿尔法狗'是个机器的话，我会以为对方是人类高手。所有的职业棋手都会输棋，所以这次输棋也并不奇怪。之后我会研究棋局，找出究竟什么地方出了差错，或许会改变我下次对付'阿尔法狗'的策略。"

老师继续说:"2016年3月,谷歌人工智能'阿尔法狗'以4:1的成绩战胜韩国冠军李世石。当时,'阿尔法狗'排名世界第四。有的科学家认为,这一次比赛让人们看到'阿尔法狗'与人类顶尖棋手的距离已经大大缩小,如果再改进一下算法,也许它在一两年之内就能打败人类顶尖棋手。这是因为'阿尔法狗'能够处理大量数据,分析数据的结构特征,它的工作效率远比人类棋手高得多,甚至有些棋路,人类棋手根本想不到。而对于人类棋手来说,面对武装了170台图形处理器和1200台标准处理器的'阿尔法狗'神经网络系统,不啻是一个巨大的挑战。有的科学家却不以为然地说,虽然'阿尔法狗'已经突破了传统的人工智能理念,但是它就像一个天才儿童,一下子就学会了围棋,而且水平极高,然而,它的经验还不够丰富。在围棋搏杀中,经验是一个很重要的方面。人类走棋时大多靠的是直觉和技巧,这些是无法通过训练'阿尔法狗'来获得的。尽管它迟早会打败一些出色的棋手,但无法战胜最出色的人类棋手。要想媲美真正的人类智慧,'阿尔法狗'还有很长的一段路要走,如今还远远称不上超级智能。"

暄妍听后,不由得心想:当今大千世界不只是一盘围棋,如果能研制出更多更神奇的像'阿尔法狗'似的智能机器人,那该多好啊!

机器人会抢走人的"饭碗"吗

一天，在中央电视台科技频道中，舒雅看到播放的《走近科学之机器人总动员》节目。一个名叫小灵的机器人居然成了节目的特殊嘉宾。在整个节目中，主持人和两位嘉宾通过无线耳麦频频与小灵进行对话。小灵不仅学识渊博，有问必答，而且话语十分诙谐有趣。主持人问"她"："机器人汽车流水线生产一辆汽车需要多长时间？""她"立马直接回答："61秒。"嘉宾问："人吃一碗面条需要多长时间？""她"机灵地回答："那要看这个人有多饥饿，还要看碗有多大？"

在节目中，还进行了别开生面的包装纱锭和物流拣货的人机比赛，比拼的胜利者都毫无悬念地是机器人。然而，两位嘉宾对机器人却持有两种不同的观点。一位嘉宾认为未来机器人可以替代人类，另一位嘉宾认为未来机器人只能替代人类的某些功能。

舒雅带着一肚子的疑惑问老师："那么，未来人们究竟会不会被机器人抢走"饭碗"而失业呢？"

老师告诉舒雅："机器人抢夺人类'饭碗'甚至发动战争取代人类，一直是好莱坞大片崇尚的主题之一。尽管电视节目中的机器

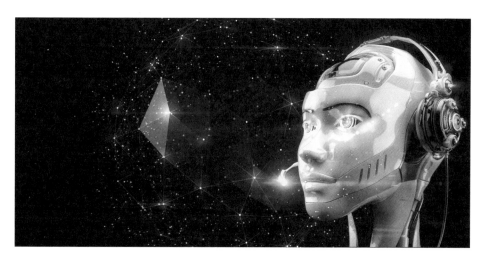

人小灵可以与主持人和嘉宾互动，也掌握了一定的肢体语言能力。无论是录制节目，担任直播节目主播，还是作为解说员，作为智能机器人代表的小灵，已经在灵活性和智能化领域迈出了新的一步。但是小灵的听觉和说话能力还有一定的局限性，现在的人工智能技术还无法让'她'达到科幻电影中机器人的水平。专家指出，仅人机交流沟通这一项技术而言，想要让机器人做到像人类之间那样顺畅的交流，需要克服的障碍远不止语音技术那么简单。不管机器人是否有显示屏幕，人们目前还不可能与机器人时刻保持近距离的互动，更不可能互动时一直看着机器人。这就需要机器人在与人互动时，必须要有一个更加聪明的大脑，对信息进行充分的计算和分析，才能做出足够精准的反应。因此，从目前人们所能赋予机器人的技术功能来看，机器人要完全替代人类工作的路途还很遥远。"

舒雅好奇地问："那么如今智能机器人的人工大脑，究竟处于什么样的一个水平呢？"

老师回答说："从整体上来看，人类大脑最大的优势就是，每一个人都可以学会许许多多的技能。如今，尽管科学家们想方设法给机器人设置更多的功能，但它们往往只能在特定范围内拥有一种或几种技能。专家告诉人们，人类可以炒鸡蛋，也可以写文章，能够说多种语言，甚至可以设计或调整人工智能。这是一台智能机器人无法全部做到的事情。智能机器人通常只能在特定的工作岗位上，如可以在汽车生产线上进行焊接、喷漆、涂胶，可以在物流仓库里运送、堆码或跟踪货物，可以在宾馆酒店当迎宾员、行李员、送餐员。不难看出，尽管机器人的智能还远达不到人类的级别，但是这并不意味着智能机器人在某些领域上的技能水平无法超越人类。例如，机器人将货物摆放到货架上，要比人类摆得更快，更整齐，这是因为机器人不需要休息，它的动作始终保持标准划一。又如，机器人给汽车外壳喷漆，要比人类喷得更均匀更周到，而且可以即时变换色彩。这是因为机器人的一举一动都由电脑程序控制，不会出任何差错。再如，用机器人记忆信息资料，要比人类记得更快、更多、更牢，这是因为机器人的电子芯片保证了它的反应速度和信息不会丢失。"

舒雅继续问老师："那么，今后智能机器人在哪些方面可以替代人类的工作呢？"

老师告诉舒雅："最近，日本智库野村综合研究所与英国牛津大学合作调查发现，目前有49%的劳动岗位可以由智能机器人来代替，而这些劳动岗位通常是属于不需要特殊知识和技能的职业。目前活跃在工业制造业中的大多数机器人就是一个最好的范例。科学家们近年来也频频发明这类最容易被取代职业的机器人。这是因为，如果你只是想让智能机器人拥有某一个特定的能力，你可以相信，这种智能机器人在这一岗位一定能够替代人类，而且比人类做得更好。不久前法国一位科学家发明了一种名为'Wall-Ye'的葡萄采摘机器人，它不仅可以给葡萄树修枝剪叶，而且还能自动记录葡萄的生长数据，比人工操作强得多，可惜的是这款'高精尖'智能机器人的价格和维护费用太高，让地少利薄的葡萄园主望而却步，没有得到广泛应用。"

舒雅又问老师："那么，今后人工智能技术水平会不会总有一天能与人类并驾齐驱？"

老师回答说："绝大多数人工智能专家认为，作为人类而言，尽管每个人在能力上各有千秋，但是却具有智能机器人所不具备的超强的学习能力，人类的智力能够掌握各式各样的技能，所以智能机器人是不可能在技术上真正全面超越人类。更何况，尽管将来在越来越多的领域中智能机器人会与人类抢饭碗，但是这种竞争和人与人之间的竞争是完全不同的。这是因为人类不仅仅只有智能，还有意识和智慧，而机器人只有智能，并且还只具有某种或某几种的智能。

"举个例子来说，日本一家科技公司曾发明了一款叫作Pepper的情感机器人，它不仅'能说会道''耳聪目明'，而且还能'察言观色'，读懂人们的情感。这款情感机器人被雀巢公司相中，成为在日本的产品代言人。但是，这款Pepper情感机器人像其他智能机器人一样，并没有人们想象的那么完美，它对各种人群的语音识别还显得稚嫩和欠缺，甚至会对客户的说话声音'置若罔闻'。更令买家难以接受的是昂贵的价格，一个售价为2000美元的Pepper情感机器人，以及每月200美元的云端支持费，对一个公司来说，这些费用可以雇佣几个技术娴熟、交流无碍的服务员。这显然是一个得不偿失的尝试。"

老师最后告诉舒雅："在某些领域内，肯定会由机器人替代人类的岗位，但实际上机器人要抢人类的'饭碗'并非那么容易，最可能的结局是智能机器人与人类共存。"

机器人会威胁人类安全吗

　　一天，一位同学告诉兵兵，她的表弟在游乐场玩"太空飞碟"时，突然从3米高的空中摔了下来，经医院抢救后，幸好没有生命危险。事后，家长了解到像美国游乐园中先进的儿童娱乐设施也会发生伤人事故。兵兵不免担心，这些人工制造的智能机器难道也会伤害人类吗？于是，他把这个疑惑告诉了老师。

　　老师告诉兵兵："从本质上来说，'机械＋电脑'都是属于机器人的范畴，所以诸如各式各样的自动化娱乐设施，无人机、无人驾驶汽车等也是一种机器人。如今，专家们对机器人的安全性大多持十分谨慎的态度。他们认为虽然机器人可以为人类社会带来诸多帮助，甚至能够承担人类无法完成的高、难、危的工作，但是目前的机器人技术尚未达到炉火纯青的水平，特别是工业机器人目前太危险，还无法与人类安全共处。2015年，仅在美国就发生20多起致命的事件。为此，长久以来，人工智能和机器人的安全话题都不断被人们提起，连IT界巨头马斯克和比尔·盖茨这样的名人，都在不同场合公开表达对机器人技术的担忧，史蒂芬·霍金甚至联合百余位科学家、企业家、投资者共同签署一封公开信，提醒人们关注机器人的安全性，确保机器人不会毁灭人类。因此，游乐园娱乐设施伤人、谷歌无人驾驶汽车碰撞、无人机坠毁等事故时有发生，也就不足为奇了。"

兵兵好奇地问："那么，工业机器人为什么会频频伤人呢？"

老师回答说："2015年6月，德国一家大众汽车工厂的一个大型机械手臂机器人，在生产流水线上抓住了安全笼里正在维修的一名22岁员工，并把他向一块金属板碾压，导致这名年轻员工受伤，被送医后，最终因伤势过重而身亡。调查这起事故的专家指出，随着生产生活越来越自动化，人们必然会面临一个重大的技术挑战，那就是人们如何找到一个机器人和人类可以和平共处、分工协作的和谐点。它的关键是要研制出一种真正能与人类互动的安全和高效的智能机器人，这种机器人被称为'协作性机器人'或者'合作性机器人'。这种机器人才能彻底变革工业生产流水线、家务劳动、医疗保健以及市政后勤服务等领域的面貌。作为最早使用工业机器人的汽车制造业、飞机制造业，在生产流水线上如今几乎已是清一色高度自动化机器人的天下，它们非常擅长于各种单调、笨重、有害的工作，可以高速移动重物，可以不厌其烦地拧紧螺钉，可以灵巧地喷漆、涂胶……它们的动作非常机械，没有人类一样的智力。一旦人类不慎与它们发生意外接触，就可能会导致人类伤亡。"

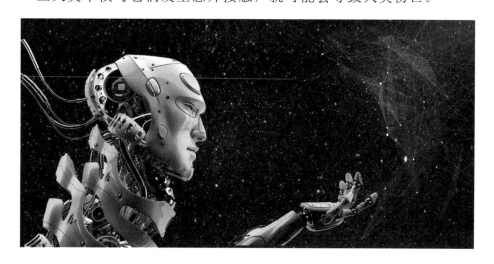

兵兵迫不及待地问老师："那么，人们如何才能避免机器人带来的安全威胁啊？"

老师告诉兵兵："如今，科学家正在不断改进上一代的工业机器人，大力研制和开发各种'协作性机器人'。此类'协作性机器人'往往具有传感器和安全性特征，人们给工业机器人装上诸如摄像头、微音器、压力应变片、微动开关等各式各样的传感器，让它们可以检测到人类的位置，并对临近的人类迅速做出正确反应，以便实现机器人与人类的和谐共处。换句话说，人们赋予工业机器人与人类相似的能看见、能感受、能思考和能应变的能力，以避免人类犯错或机器故障时，导致工业机器人莽撞行事伤害人类。专家指出，除了改进工业机器人的硬件之外，人们还必须进一步提高操控工业机器人的软件水平。这是因为尽管人类拥有非常高超的软件编程技巧，但还是有许多生产现场的实际状况或技术知识未纳入软件之中，有的甚至还无法进行编程。所以说，如今新一代工业机器人的安全性，也只是处于一个与人类相对友好的水平。"

兵兵继续问老师："除了工业机器人之外，其他类型的机器人是不是也存在着一定的安全风险呢？"

老师回答说："你说得不错。有的机器人虽然表面上看不出对人类身体有什么伤害，但并不是说它对人类是绝对安全的。就拿你手中的安卓智能手机来说吧，你可能不知道自己手机中已删除的重要隐私信息，是不是能被其他人轻而易举地找到。最近，美国科技媒体网站'Verge'报道，捷克安全软件开发商爱维士对手机安卓系统恢复出厂设置功能的安全性和彻底性提出了质疑。为了证实这一点，爱维士公司购买了20部二手安卓手机，用来检验其恢复出厂设置功能的安全性。然而检测结果却令人大跌眼镜，即使是使用了恢复出厂设置的功能，此前手机主人的个人数据信息依然纹丝不动，里面的内容照样遭到了'泄露'。检测人员在20部手机中，恢复了超过4万张照片，以及每部手机在谷歌网站搜索过的大量关键词、邮件和短信；更让人难以置信的是，检测人员通过这些已被认为永久删除的数据，居然可以判断出4部手机以前主人的真实身份。这是因为安卓智能手机存在着安全隐患，尽管主人已经把数据永久删除了，但是这些数据并没有被真正覆盖掉。你说可怕不可怕？"

兵兵又问老师："如今，越来越多的家用机器人开始走进普通百姓家。那么，家用机器人安全吗？"

老师告诉兵兵："从某种意义上来说，家用机器人也并不安全，它们也将给人们带来许多安全隐患。美国华盛顿大学的科学家们宣称，这些家用机器人虽然非常实用，但是有可能会成为黑客下一个重大的攻击目标。例如，你上班时可以通过办公室电脑设定程序，让家里的'机器人管家'把房间打扫、擦洗干净，既然你可以远距离操控家里的机器人，那么，黑客为什么不能呢？黑客可以通过操控你的家用机器人，给它们发一些你挂在卧室或客厅的相片，或者查看你保存在电脑里的一些文件资料，甚至你的情书、纳税申报单。为了证实这一点，日本科学家河野买了3种不同品牌的家用机器人。他研究后发现，机器人的用户名和密码经常不被加密，机器人传送的声音和图像也能被他人接收，虽然主人设置了密码保护，有的机器人还是不需要密码就能被操控，有的机器人被关闭后却仍与互联网相连接。"

老师最后对兵兵说："尽管家用机器人的安全性正在不断地被提升，但它的弱点一旦被黑客利用，就会成为黑客的眼睛、耳朵和手。特别是很多青少年、儿童都喜欢机器人，家长们千万不能掉以轻心。"

趣味十足的另类机器人

2016年2月6日凌晨，台湾高雄发生6.7级地震，导致台南市16层高的维冠大楼整体自西向东倒塌，堆积如山的混凝土块给救人带来了极大困难，造成超过114名居民因被埋时间过长而死亡，世界为之震动……

梦洁不由心想：如果能有一种可以在瓦砾之中自由穿行寻找幸存者的机器人，那该多好啊！梦洁迫不及待地把自己的想法告诉了老师。

老师听后，乐呵呵地对梦洁说："你的想法与科学家的设想刚好是不谋而合哦！不久前，美国哈佛大学和加利福尼亚大学伯克利分校的研究人员，开发了一种被称为'可压缩和带活关节'的柔性机器人，这种柔性机器人可以在其他机器人无法进入的废墟中通行无阻，帮助救灾人员探知所处区域是否稳定和安全，发现幸存者的所在位置，并确定救灾人员的进入路径。其实，研究人员的设计灵感来自于被叫作'小强'的蟑螂，科学家通过高速摄像机观察发现，把蟑螂放在两块'夹板'中间，当夹板间隔与其身高相当约1.27厘米时，蟑螂能以每秒1.5米的速度快速行走；当夹板间隔调整为远低于身高0.6厘米时，蟑螂依然能全速行进；当夹板间隔仅为0.25厘米时，蟑螂也会挤压自己的身体强行通过。令人更惊讶的是，蟑螂即使受到相当于体重900倍的压力时，也能毫发无损、安然无恙。于是，科学家借鉴蟑螂原型成功地开发了一款与人手掌大小相当的柔性机器人，这种被称为'蟑螂型'的机器人不仅可抗压，能降低身形，还是一个所向披靡的钻缝高手。"

梦洁好奇地问老师："那么，科学家们有没有开发出其他新奇的机器人呢？"

老师回答说："随着各式各样智能材料的问世，科学家们在探索机器人开发时，居然也玩起了浪漫。最近，一款比萌物更炫酷的机器人已经横空出世，这种仿生物的液态金属机器人就像水陆两栖动物那样，在水中或陆上都能变形、自主运动，甚至'吃食代谢'……科学家在实验室里向记者演示了一场精彩的表演：在一个盛满电解液宽窄不等的槽道里，一个犹如纸片般薄的金属膜机器人，在一眨眼的工夫里，摇身一变成了一个直径5毫米的液态金属球。更神奇的是，当它'吞食'了0.012克铝之后，居然以每秒5厘米的速度移动起来，它的体态还会随着槽道的宽窄自动变形调整，整个蜿蜒前行的过程犹如科幻影片《终结者》中的液态金属机器人杀手。科学家告诉人们，液态金属机器人在传感器的帮助下，可以读取并模拟远方人类的行为信息，让隔空握手、隔空拥抱不再是一个梦想。也许有一天，一对天各一方的恋人，

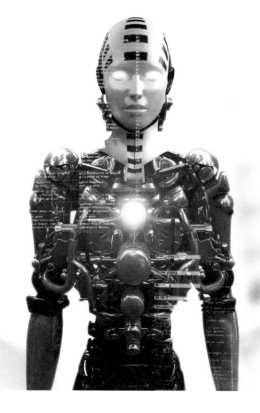

可以借助液态金属机器人的科技神力触及对方。从此之后，世上不再有'触不到的恋人'，父母更可以感受到身处异地子女的体温，你说温馨不温馨？"

梦洁接着问老师："最近媒体记者报道，我国科学家研制的步行机器人打破了吉尼斯世界纪录，成为有史以来第一个行走距离突破百千米的四足式机器人，这究竟是怎么一回事啊？"

老师告诉梦洁："长期以来，如何让模仿人走路的机器人走得更久更远，始终是世界各国科研机构研究的重点之一。这是因为能替代人类完成复杂、危险任务的机器人走得越远，就意味着机器人可以承担更多的工作任务，具有更大的价值。2011年，美国康奈尔大学研发的四足式机器人Ranger创造了行走65.243千米的吉尼斯世界纪录。而我国科学家研发的'行者一号'四足式机器人，在2015年10月打破美国机器人行走的吉尼斯世界纪录，在54.21小时内仅耗电0.8度，自行连续行走了134.03千米，成为世界上新的机器人'行走王'。科学家告诉媒体记者，机器人能否真正为人们工作，必须要解决能量效率、续航能力和可靠性这三个世界公认的难题，'行者一号'四足式机器人想要走得远，这三者缺一不可。为此，'行者一号'采用了被称为'主动+被动'的先进动态步行理论，成功地模仿了人类的行走步态，前进、后退和转弯都不在话

下，必要时人们还可以对'行者一号'进行远距离控制，让它像孩子一样听话，过不了多久，它将还会突破200千米的行走大关。到时候，在高压输电线下或输油输气管线旁看到它的身影，你可别大吃一惊哦！"

梦洁急切地问老师："如今，科学家已经开发出不少人形机器人，它们会说话、唱歌、讲故事，不知道有没有像人类一样有性格和情绪的机器人呢？"

老师回答说："随着机械、电子、计算机科学、心理学等学科的突飞猛进发展，新一代具有自己性格和情绪的人形机器人已经浮出水面。在新加坡的一所大学里，一个名叫娜丁的'接待员'就是这种新一代的人形机器人。她留着一头暗灰褐色的披肩发，整整齐齐地用发卡别在一边，一双水汪汪的大眼睛会眉目传情地对着你，操着一口电脑合成的苏格兰腔英语，让你倍感亲切温馨。假如你夸奖她说：'你是一位美丽迷人的机器人小姐。'娜丁则回应道：'谢谢，你看上去也很迷人。'假如你对她说：'我恨你。'娜丁便兴高采烈地答道：'我洗耳恭听。'研发娜丁的新加坡南洋理工大学媒体创新学院的娜迪亚·塔尔曼教授自豪地告诉记者，娜丁不仅有着自己的个性和情绪，而且还有一项超过常人的本领，那就是她总能记得上次见到你时你说了些什么，并报以友好的问候，所以她特别适合充当儿童和老人的住家伴侣，医院和疗养院的护理人员，甚至是办公场所的私人定制助手。不久的将来，这种人形机器人将可以接受人们的远距离遥控，不管它的主人身处何地，主人只要面对一个特制的网络摄像机，人形机器人就能惟妙惟肖地模仿主人的一举一动，把人们领进一个神奇的科幻世界，就像电影《未来战警》中的主人公每天以机器人的状态活着，而自己则安坐在家中操控自己的机器人替身一样。"

梦洁听罢，被这种变化莫测的超级机器人深深地打动了，它们好像就是你的一个真实伴侣一样，永远陪伴在你的身边，并能感知你身边所发生的一切，真是太奇妙了。

变脸机器人

　　思睿是一个聪慧灵动的小女孩，不知怎么的，性格居然像男孩子，她在上学之前就喜欢上了变形金刚。几年来，她的柜子里塞满了大大小小形形色色的变形金刚。到了小学高年级，思睿竟迷上了机器人，不仅将精心收集到的机器人替代了变形金刚，而且在少年宫老师的指导下，动手制作了自己想象中的机器人。小电机、齿轮、轴承、滚轮、芯片、电路板……成了思睿课外最亲密的"小伙伴"。

　　暑期的一天，少年宫的指导老师告诉大家一个好消息：不久前，浙江大学和中国科技大学的选手们在巴西举办的世界机器人比赛中，分别获得了足球机器人世界杯和服务机器人的冠军，向全世界展示了中国研究型机器人的领先水平。

　　思睿问老师："如今，科学家研制机器人的智能化程度越来越高。那么，智能机器人高级自动化系统会比人体系统更强吗？"

　　老师回答说："在以往，人们对自动化的理解，或者说对自动化定义的功能目标，是以机械的动作来代替人类的劳作，以便自动地完成特定的工作。换句话说，自动化实质上就是代替人的体力劳动。如今，随着电子信息技术、神经科学、生物技术的发展，特别是计算机技术的广泛应用，自动化的概念已扩展为用机器人来代替或辅助人类脑力劳动。难怪，科学家如此评价机器人：一千个人心中有一千个'哈姆雷特'，而对于机器人的想象可能就只有一个，那就是像人一样聪明，又拥有超人的能力，以致于激发出科学家看似科幻想象的梦想和热情，这就是智能化机器人未来的美好前景。"

老师还告诉思睿："在这次世界机器人比赛我国获奖的项目中，智能机器人高级自动化系统已崭露头角。例如，浙江大学研制的机器人足球队，一群队员个个都是约15厘米高的圆柱形身材，在场外一台计算机自主计算决策系统的控制和指挥下，一旦开场哨吹响，个个生龙活虎地在场地里奔跑、进攻和防守，它们依据瞬息万变的赛场形势，在短短16毫秒之内便能做出反应，球传给谁、谁插上攻门、谁最佳站位防守……一整套战术选择赛过世界著名教练员，其智能化程度之高便可想而知了。又如，中国科技大学研制的一种被称为'家庭机器人'的服务机器人，在这次比赛中通过了10项世界顶尖水平标准的全方位测试。专家指出，这种在完全真实室内环境中进行的测试其难度可想而知，比赛成绩包含着很多科技内涵。就拿超市购物项目测试来说吧，它要求机器人在完全陌生的真实超市中，从当场指定的5个物品中取回3个，要想顺利完成这个任务，就需要机器人具有强大的环境适应力、物体识别力、自主操控力和人机对话等超级智能水平。"

思睿迫不及待地问："那么，像人类一样聪明能干的超级智能机器人，真的能出现在人们的眼前吗？"

老师告诉思睿："实际上，各种超级智能机器人的问世和能力高低，不仅考验智能化技术能力达到一个什么样的水准，还取决于科学家们的创新思维是否高瞻远瞩。换句话说，就目前的科技水平而言，

人们想要完全把生物感认知能力与机器计算能力两者高度地融合在一起，并非一件容易的事，就像科幻电影《人工智能》中所展现的具有人类智慧和感情的机器人，目前还只存在于想象之中。尽管如此，但人们从来也没有停止过用智能机器人来拓展自身能力的研究，人们正在不断地探索研制智能机器人的新途径、新方法和新技术，迄今为止，人们已在研制和应用领域中取得了很多阶段性成果。"

思睿又问道："老师，最近科学家们研制智能机器人有什么新成果啊？"

老师回答说："最近，浙江大学计算机学院的科研人员另起炉灶，借助一种全新的脑机接口技术，来实现生物感认知能力与机器计算能力的相互融合，从而开发出一种混合模式的智能机器人。科研人员给大白鼠的脑袋安装了一个特殊的脑机接口部件，让它直接与大白鼠的大脑连接并进行脑机通信；再用一个针孔摄像头，充当大白鼠的第三只眼睛，以便让大白鼠通过摄像头看外部景象，并通过无线信号传送到计算机。计算机里安装有人工智能视频图像软件，这种应用软件会自动分析与识别图像中的物体，并根据大白鼠的当前状态，制定下一步的动作策略，再借助无线信号将指令传送给大白鼠。如此一来，原来看不懂图像且视力又差的大白鼠，就能够像人一样看懂各种指示牌，而且能找到相应的目标物体。科学家告诉人们：通过这个实验，证明了人类大脑同样可以与机器人交互沟通，这为今后打造超级智能机器人开辟了新的思路。"

思睿接着问老师："那么，未来的混合智能机器人会给自动化带来什么样的变化呢？"

老师告诉思睿："这种被称为混合智能的模式，实际上是机器智能与生物自身智能的融合模式，它有望诞生一种超越现有机器人更强智能的形态，就像当今风靡世界的《终结者》《钢铁侠》等诸多科幻电影一样，因此，它也是超级智能机器人的一个发展新方向。专家指出，这种机器人新技术并不是相关技术的简单堆积，而是综合神经科学、信息工程和医学等尖端技术的汇集，其软件和硬件都十分复杂。一旦这种超级混合智能机器人的人工智能水平接近人类，那么，机器人的自动化形式会越来越多样，甚至各式各样的物品都能成为机器人的载体。它们和人们能够更流畅地对话，也能看懂和理解人们不同的脸色及表情。例如，你叫机器人倒一杯热水，它不会走错地方，也不会拿错杯子，而是径直走到厨房取出水杯，再用保温瓶倒水。又如，周日，你要到学校和小伙伴一起踢足球，它会递给你一个放有球鞋和矿泉水的运动包，不会拿错平时上学用的书包，而且还会对你说今天没校车，告诉你可以乘坐的公交线路，并关照你要注意的安全事项。再如，机器人将拥有越来越像人一样的信息处理能力，它们不仅可以感知信息，能够进行智能推理，而且还具有人类的灵活性。"

思睿听后，心想：未来的智能机器人真是妙不可言！

未来智慧城市啥模样

"连线"智能生活

　　依兰是个活泼可爱的小女孩，她擅长体育运动，还特别喜欢旅游。她的爸爸妈妈都在一家著名的跨国IT公司上班。依兰自从上小学开始，就把家中的各种电器用品摆弄了一遍。爸爸妈妈也会经常对她讲一些自动化、智能化的知识。时间一久，依兰不仅对它们产生了浓厚的兴趣，而且时不时地催促爸爸妈妈将家用电器更新换代。依兰心中充满了对未来智能化城市生活的无限遐想。

　　不久，依兰盼到了搬进新家的那一天。

　　搬家前几天，依兰忍不住问爸爸："在我们的新家里，究竟有哪些'高、精、尖'的电子产品啊？"

　　爸爸神秘兮兮地眨眨眼说："那可多了，从电子门锁到曲面电视机，从多功能机器人到全景传感系统，从智能遥控器到可视化智能水杯……它们有的是刚刚上市的，有的还是公司实验室里的试用品，还有的是我和你妈妈自己动手改造的呢！够你琢磨一阵子了，从此以后，你要开始体验全新的'连线'居家生活。"

　　依兰听罢虽然高兴无比，但是心里还有些不明白，随即便问爸爸："什么是'连线'居家生活啊？"

爸爸乐呵呵地告诉依兰："当今，IT界最火热的名词是什么？专家们最推崇的是'物联网'，它的英文缩写叫作'IOT'。简单地说，物联网就是把人们身边所有的物品，都通过互联网连接起来，让它们互通信息，并整合、处理、控制和执行它们日常所产生的各种数据，最终达到改善人们工作、生活的目标。而'连线'居家生活就是在这个概念基础上发展而来的，也就是说，'连线'居家生活是通过物联网科学技术，将家中各种家电产品赋予其联网功能，让它们为人们带来无忧无虑的生活。"

依兰又问爸爸："如此说来，今后人人都能过上'连线'居家生活吗？"

爸爸斩钉截铁地回答："那是毋庸置疑的，只不过物联网目前还是个崭新的科技领域，有许多概念还未被确切定义，有许多功能还在不断创新和试验之中，因此，难免会有不少新的尝试和失败。尽管如此，物联网已显示它的巨大潜能，仅2014年，物联网的市场价值已高达1.9万亿美元。专家们预计到2020年，这个数字将飙升到7.1万亿美元。届时，各种智能家居用品将会走进普通百姓家庭，开始美好的'连线'居家生活。"

来到新家大门口，依兰不见爸爸用钥匙开门，只见爸爸用手指轻轻点了一下电子门锁上一个小窗口，随着"咿呀"一声，大门自动打开了……

依兰好奇地问爸爸："怎么用手指头也能开门？那么，陌生人用手指也能打开我家大门吗？"

爸爸回答说："傻丫头，这种电子门锁只认主人的指纹开门，等一会儿，要把你妈妈和你的指纹扫描到电子门锁里去，让它认识新主人。因为每个人的指纹都是不相同的，所以，陌生人是无法打开大门的。以后，你也可以用手指开门了，再也不用担心忘带钥匙而进不了家门。更神奇的是，今后离家出门无须担忧大门是否上锁，因为主人可以通过手机或电脑上网，随时联系电子门锁的上锁系统。当家中无人时，一旦有亲朋好友远道来访，主人也可以在异地遥控大门让他们进去。"

走进客厅，一台105英寸的大屏幕电视机迎面而来，它那弧形曲面的特殊造型令依兰惊讶不已，便迫不及待地问爸爸："这台大电视机的屏幕怎么是向里凹的，它显示的图像会不会变形啊？"

爸爸告诉依兰："事实上，因为人类的眼球是球形的，人们在观看纯平面屏幕电视机的画面时，它左右两边的图像其实是"扭曲"的。与之相反，曲面电视机因屏幕上弧度的变化，使得人们在

观看电视时，眼睛离图像每一个像素点的距离都是一样的。也就是说，电视机弧面屏幕在左右两边可具有更优良的可视角度，使人们感觉更自然、更舒适，对大脑的压力也更小，其观赏的临场感甚至可以与超级电影院相媲美。这种刚刚出炉的曲面电视机，是不是特别高级啊？"

依兰接着问："那么，这种曲面电视机还有什么特点呢？"

爸爸回答说："这种曲面电视机的屏幕使用尖端的纳米晶粒半导体材料，可以发出超级纯度的不同彩色光，色彩表现力是传统电视的64倍。它自动分析调节图像的亮度、对比度等功能的能力也比传统电视提高了2.5倍。更令人兴奋的是，它拥有一个开放性平台，可以与其他智能电器'连线'互动。例如，你在手机上观赏电视节目或电影，一回到家，便能马上把画面转移到曲面电视机上继续收看。又如，它可以设定日常提示、分享日历，充当你的家庭小秘书。再如，它能与小米盒子等智能终端做伴，让你在曲面电视机上获得更多的乐趣。"

依兰指着曲面电视机旁一对貌似鸡蛋的漂亮装饰品问："爸爸，这是什么东西啊？"

爸爸哈哈一笑说："傻丫头，这是一对360度全方位的扬声器啊，它可以将音乐或电影音效平均地散播到四周，无论你在客厅哪个位置，都能够享受到高音质的效果。而传统的扬声器只有一个最佳的收听位置，一旦偏离这个位置，它的音效就会大打折扣。"

在客厅的一角，依兰又发现了一件新玩意。爸爸告诉她："这是一个非比寻常的智能扫地机器人，它的吸力要比传统机器人吸尘器大60倍，它那4英寸的超宽矩形刷头如同秋风扫落叶一般，让灰尘、垃圾无处藏身，其拥有的'多重气旋'独门秘籍，对传统机器人吸尘器会阻塞滤网的弊端说再见。它更了不得的'武功'是拥有超级的'连线'遥控功能。也就是说，它在'全景传感系统'指挥下，凭借高性能芯片、传感器和机载数码摄像机的组合，可以精准地按照完整的家庭地图来识别周围环境，从而计算出各个房间合理的清扫路线。清扫时，它还会穿过电线或门框，自动避开各种障碍物，主人也可以指定它前往某一个地点去清扫，甚至用手电筒等工具，照亮某片区域，它就乖乖地把照射的地方打扫干净。一旦打扫完成或电池电量不足时，它会自动回到充电站充电。"

爸爸接着还给依兰看了一个会擦玻璃窗的机器人，并告诉依兰："它是智能扫地机器人的小伙伴，它与智能扫地机器人一样聪明。它也会自动计算出擦窗的路径，知道哪里是窗框，哪里是要擦的玻璃。如果你不需要按家庭地图擦拭所有的玻璃窗，也可以用人工遥控的方式来指挥它擦拭要清洁的玻璃窗。有了它，今后你妈妈再也不用费力地攀上蹲下了，更不用为在高层擦窗而提心吊胆了。"

"家中一下子来了那么多的智能'小伙伴'，够我好好揣摩一阵子了，难道梦寐以求的'连线'居家生活，真的要开始了吗？"依兰下意识地拧了一下自己的胳膊。

充满惊叹的观光之旅

  期末考试结束了，心琪各个科目的成绩均在全班前列，爸爸妈妈决定假期带她去国外旅游度假。心琪开心极了。可是让心琪感到纳闷的是，爸爸没有像以往那样忙着打电话，找旅行社咨询，似乎把出国旅游这件事丢在脑后忘记了一样。

  周末的晚上，心琪终于忍不住开口，对爸爸说出这个猜疑。

  爸爸一听，不由得笑了起来。爸爸告诉心琪："傻孩子，爸爸不但没有忘记，而且已经把工作和旅游都安排好了，这下你可满意了吧……"

  爸爸话音未落，心琪就迫不及待地问："爸爸，那你是如何搞定的啊？"

  爸爸神采奕奕地告诉心琪："如今，高科技日新月异，人们往返两地的旅游方式也开始发生了翻天覆地的变化，从预订飞机票、度假地客房、餐馆，到发现景区、规划行程，智能化城市功能都可以实现一站式无缝对接，整个流程将变得十分直观、透明。这次全家欧洲自由行的度假计划，就是通过这种被专家称为'发现与预订程序'的互联网站实现的。"

心琪好奇地问："那么，这个网站与携程、驴妈妈等旅游网站有啥不同呢？"

爸爸告诉心琪："该网站的首席执行官告诉人们，登录网站以后，你就能进行旅游目的地搜索，以及预订旅游中所需的各种'套餐'，整个操作就像在亚马逊网站上买书一样简单明了。你无须在电脑或手机上预订航班和酒店。你可以随身携带一个'电子客服'，你可以把它藏在一块智能手表或一件佩戴的饰品中，你走到哪里，'电子客服'就跟到哪里，随时随地为你效劳，帮你搞定机票、客房、餐馆等烦心事。更令人感到惊奇的是，这个'电子客服'居然可以拥有你所喜爱的明星的面容、声音和性格，一旦听到你的语音命令，它的3D全息照片就会出现在你面前，让你开心不已。这个听上去有些天方夜谭的网站，旅行私人定制更是它的拿手好戏，它会分析你的旅游偏好，也会交叉对比他人的旅游方案，通过超级预测算法技术，向你提出避免雷同或俗套的个性化旅游建议，进而为你打造一个详细的行程安排，让你享受真正的无拘无束的自由行。"

心琪忙插嘴道："今后，外出旅游有个'电子客服'陪伴，那真的是太好了！"

爸爸笑着告诉心琪："有一种被专家们称为'虚拟现实'的信息技术，可以让人们不出家门也能体验旅游的乐趣。从今以后，你

不必再为爸爸妈妈没有时间陪你去旅游而烦恼了，你自己在家里上网点点鼠标，就可以周游世界、观赏风景了。专家指出，从某种意义上来说，这种虚拟旅游可以控制景区旅游人数在合理和安全范围之内，同时也可以让景点免遭人满为患带来的负面效应。"

心琪迫不及待地问道："这是真的吗？那么，该如何上网操作啊？"

爸爸回答说："随着城市智能化、信息化进程的突飞猛进，利用超级'虚拟现实'技术实现虚拟旅游观光已成为可能。如今，不少世界著名旅游景点正在联手各大信息科技公司，共同开发这种独具一格的虚拟旅游观光项目，让人们在电脑屏幕的虚拟世界中，体验假日之旅的乐趣，以缓解工作和生活的压力。例如，澳洲航空公司、汉密尔顿岛景区和三星电子公司联合打造了一款'身临其境'的旅行体验，体验者只要戴上一个特殊的虚拟现实头罩，便能通过网络在线观看神奇的三维景区图，从天空到陆地甚至到水下，汉密尔顿岛360度视角的美景尽收眼底。除此之外，你还可以看到景区内娱乐、生活和休闲等各类设施，这不仅比单纯浏览二维图片或观看普通视频要爽得多，而且你还能领略到平时视线无法触及的惊艳场景。又如，为了满足旅游者深入探索目的地和规划旅游线路的需求，号称'现代旅游业之父'的英国托马斯·库克旅行社，最近公布了一项名为'购买之前先尝试'的虚拟现实观光计划，你只要戴上一个虚拟现实头罩，就可以在支付旅游费用之前，"飞跃"到纽

约曼哈顿、意大利威尼斯或澳大利亚大堡礁，也可以探访景区的某个宾馆、餐馆或博物馆，等等。"

心琪又问爸爸："那么，城市现代化的发展还能给旅游观光带来哪些新鲜事？"

爸爸告诉心琪："如今，乘坐飞机外出旅游的人越来越多。据有关部门预测，在2030年之前，空中旅行的人数将翻一番，之后还会持续增长。这一方面会给城市机场带来巨大的压力，另一方面越造越远的机场让人们出行更费时费力。于是，一种建在城市街道和水道上空的飞机跑道已在科学家头脑中酝酿。不久的将来，在城市中心出现飞机穿梭的奇观将会变成现实。日前，一位机场设计师向媒体展示了斯德哥尔摩机场的全新规划方案。这个坐落在新市区的机场是一个架在城市道路上方的集成化机场，它包括短跑道、小型候机厅、行李入口处等基本设施，并与地面城市基础设施相结合，互不干扰。人们不用去验票和领取登机卡，一种数字登机牌的生物人脸识别软件会自动识别护照，不到1分钟就可以顺利通关进入候机厅，当你在候机厅行走时，高速激光分子扫描仪会在数秒内完成对手提行李的安全检查，丝毫不会影响旅客的登机速度。"

心琪接着问爸爸："那么，在飞机上是不是也有新变化呢？"

爸爸回答说："你猜得不错，或许到2030年乘坐飞机时，人们会感受到一种前所未有的新体验。飞机的顶部将会是一个全透明的'天窗'，乘客可以在飞行时欣赏到难得一见的美妙天空景色。飞机机舱两壁的灯光会依据环境的变化而变化，这种智能化机舱壁还有一层神奇的壁膜，它不仅可以自动调节舱内的空气温度，而且还能让舱内烦人的噪声消失。机舱的窗户将被一款全息弹出式游戏显示屏所替代，乘客甚至可以用自己的体热来驱动各种机载的娱乐设施。在这种拥有'智能'的飞机上，乘客在旅途中可以享受虚拟高尔夫游戏、参加交互式会议，或者在酒吧里结识新朋友……这一切都可以按照乘客的意愿做出辨别，并自动为乘客服务。"

耳目一新的数字化厨卫

搬进新家的第二天早晨，正在刷牙洗脸的林薇，已经闻到从厨房里飘来的一股咖啡香味。不一会儿，妈妈已在餐桌上摆好了丰盛的早餐。除了自己最喜欢吃的汉堡包、炸薯片和番茄酱之外，还有热腾腾的燕麦粥、黄灿灿的荷包蛋和一杯香喷喷的咖啡……正当林薇万分惊讶的时候，妈妈开了腔。

"你觉得奇怪吧？平日里妈妈一早要赶着上班，没时间给你做好吃的。如今，家里添了不少数字化智能厨具，成了妈妈的好帮手，这些早餐都是它们的'杰作'。妈妈只要把食材放进去，并用平板电脑告诉它们做什么就行了。你看：炸薯片是能上网的搭载了安卓系统的智能电烘箱做的，它会告诉妈妈设置加工程序和最理想的温度，它的口味一点也不比肯德基差，而且还能测定卡路里，以评估所烹饪食物的重量和热量；汉堡包是一种被称为'烹魔方'的变频微波炉做的，它并非普通的微波炉，具有智能移动互联功能，可以像燃气灶一样控制火候和不同部位的热度；燕麦粥是智能电饭锅做的；荷包蛋是搭配手机控制的智能平底锅做的；而咖啡是一款高端定制化咖啡机做的，它可以控制温度、水和咖啡豆的搭配比例，其内置的传感器还能监测每杯咖啡的浓度。你喝完咖啡后，还能在手机中记下自己喜欢的咖啡配料，甚至可以给口感打分，下次它会给你送上一杯比星巴克更好喝的咖啡……"

林薇听得一愣一愣的，不由得问妈妈："如此说来，从此以后你不用像以往那样辛苦，为做饭而起早摸黑了？"

妈妈开心地回答说："你说得不错，有了各种智能化厨具后，即使要做一桌丰盛的菜肴，也可以交给'互联网+餐饮'来完成。妈妈可以用手机从'云端'的菜谱里点菜，让网上的'中央厨房'完成配菜，物流配送公司会将所需的食材按时送到家里，妈妈只要将每个菜肴的配料放进'烹魔方'内，它就能根据食材、预定的加工程序完成智能烹饪。一切过程只要在家里动动指头就能搞定，无须妈妈样样操作。"

林薇又问妈妈："这些智能化厨房用具，为何能替代人操作啊？"

妈妈告诉林薇："智能化厨房之所以如此神奇，它的最大特点就是安放在厨房里的所有厨用家电都是数字化的电器装置，它们不仅拥有能按预定程序操作完成自身各种功能的智能化电脑芯片，而且还可以无线上网收发各种指令和信息。更令人鼓舞的是，如今越来越多的智能化厨具将健康和娱乐的理念与实用性结合在一起，不仅让人们在操作的过程中更加愉悦，而且能烹饪出既营养可口，又健康安全的菜肴食品，这就是人工智能科技带给人们生活中的一个最大变化。

"例如，当你在超市购物时，可以通过手机查询智能电冰箱里的食物品种和数量，电冰箱还会将临近保质期的食品清单发送给你，以便你决定采购什么东西。即使你在外地出差，也可以让电冰箱上网通知定点超市送货上门。倘若你忘记取出过期食品，每次打开冰箱，它都会发出警示信息，以防止误食变质食品。又如，当你在书房忙于处理电子邮件时，你可以在电脑屏幕上点击电咖啡壶图标，让它为你准备一杯香浓的意大利咖啡；当你深夜加班结束时，你可以让电脑向家中的电烤箱发出指令，以便回家享受一顿热腾腾

的夜宵。再如，安装在家庭厨房吊顶上的多功能智能消毒杀菌罩，你可以通过预置在电子芯片中的程序软件，来选择不同种类、不同强度的消毒杀菌方式。它既可以用紫外线来杀灭餐具、刀具上的细菌，也可以用臭氧来消毒厨房空气环境……智能化厨房会听从每个家庭成员的指挥，今后你也可以动手定制自己喜欢吃的食物，而不需要妈妈帮忙。"

林薇好奇地问妈妈："我昨天晚上睡前去卫生间，刚靠近门口，卫生间的灯怎么就自动亮了？"

妈妈对林薇说："忘记告诉你了，新家卫生间添置了不少智能化洗浴用具，自动亮灯感应装置就是其中的一员。这种亮灯感应装置能辨识是白天还是晚间。在晚上，只要有人靠近它，就会自动亮灯。当人离开卫生间后，它会自动关灯。以后你爷爷奶奶半夜上卫生间，再也不用担心找不到灯的开关了。

"在卫生间里，还安装了一个多功能智能浴霸。在洗澡需要勇气的冬季里，你在放学回家的路上，就可以用手机对它发送命令，浴霸里的智能芯片就会按照你的温度要求自动供暖，为沐浴做好准备。你早上起床的时候，智能浴霸也能根据预先设定的程序，在洗漱之前给卫生间换上新鲜空气。

"在卫生间里，一个可用手机直接操控的智能马桶，要比原来用过的智能坐便器更加前卫，更加方便，它不仅具有加温、除臭、按摩、烘干、洗净等功能，让人享受舒适、清洁、健康的如厕过程，而且你还能听流行歌曲或古典音乐等，让如厕不再是一件枯燥乏味的事。

"在卫生间里，一套智能互联的淋浴系统更会给你带来意外的惊喜。洗浴时，你可以直接用手环触控板来操作装在远处墙上新的热水器，水温啦，出水量啦，随你心愿调整。一次沐浴究竟用了多少水，它会告诉你，一旦用水超标了，它会亮灯提醒你节约用水。更让你想不到的是，淋浴用具还可以摇身一变，成为一块柔性的视频屏幕，让你一边沐浴，一边上网冲浪，观看社交媒体、电视节目，甚至不会错过体育比赛。而洗澡用过的水也不会白白流走，智能设备会对洗浴水进行回收过滤，用来冲洗马桶或浇花。"

与房子"对话"

　　有一天，静瑶在网上看到一个帖子，上面赫然写着：昨天是2015年10月21日，平凡的一天。不过呢，在另一条时间线上，昨天又是一个特殊的日子。这是连美国前总统奥巴马都知道的"回到未来日"，你知道这个日子吗？现在全世界都在庆祝这个神奇又伟大的"回到未来日"呢！

　　静瑶被这个帖子弄得一头雾水，不得要领，于是，找到爸爸想问个明白。

　　爸爸不紧不慢地对静瑶说："这是美国科幻喜剧电影《回到未来》三部曲中出现的一个特别日子。1985年上映了电影的第一部，那时候你还未出生呢！1989年11月、1990年5月分别上映了电影的第二部和第三部。电影《回到未来》主要是讲述了主人公马蒂和布朗博士从1985年的生活原点，神奇地穿越到2015年10月21日，在这个'未来的那一天'所发生的故事。现在看来，30年前电影里的那个2015年，竟然和现实中的2015年有很高的相似度，人们突然发现电影中的很多科学幻想已经变成了现实。例如，指纹识别开门、智能眼镜。又如，体感游戏机、平板电脑。再如，能自动调整尺码、自动烘干的夹克和可穿戴电子装置，等等。之所以人们庆祝这个'回到未来日'，就是期待更加精彩的人类生活科学预言实现。"

静瑶好奇地问爸爸："那么，是不是所有的科学预言都能实现？"

爸爸回答说："尽管未来学家的科学预言，大多数是从现代科学理论出发的，但是科学技术从发展到实现是一个极其困难复杂的过程，特别是很难判断进入人们生活的精确时间。这就像如今人们并没有满足电影《回到未来》中1985年人们的所有期待那样。例如，电影中这块可以跋山涉水自由飞行的悬浮滑板，要比目前厂商做出的悬浮滑板不知强到哪里去了。又如，目前人们还做不出神奇的时光机器，暂时无法实现人类梦寐以求的时空旅行。然而，这并不会妨碍未来学家前进的步伐。"

静瑶接着问爸爸："那么，目前未来学家有哪些科学预言呢？"

爸爸告诉静瑶："如今，许多未来学家对30年后人类的生活状态做出了科学预言。它们涉及人们出行、工作和学习等方方面面，特别是不少未来科技公司把预测目光重点放在未来30年建筑物的变化上。未来学家认为，到2045年，人们将居住在一种会开口说话的房子里，窗户也将变成一个拥有'增强现实'（AR）技术的屏幕……这些预言都与电影《回到未来》不谋而合，不仅充满了想象力和激情，而且还有异曲同工之妙。"

静瑶兴奋地问爸爸："未来学家眼中的2045年房子是啥模样啊？"

爸爸回答说："未来学家伊恩·皮尔森博士预言：到21世纪中叶，各种建筑物将由半人半机器的'超人'负责建造。这些机器外表看起来就像科幻电影《异形》中，主人公艾伦·瑞普莉所用的'外骨骼'。这种拥有超魔力的'外骨骼'，会把一些半透明混凝土塑料和会变形的材料砌成一幢幢智能化房屋。这种房屋不仅具备自我修复功能，而且更有人工智能的'个性'，甚至能够和人对话。假如住宅和办公楼需要维护修理或者打开加热系统，散布在房屋各处的众多传感器会自动收集数据，不需要人工开关和控制，便能进行相应的处理。皮尔森博士将这种智能网络系统比喻为'人类神经系统'。"

爸爸饶有兴趣地说："皮尔森博士还预言：将来设计建造全球摩天大楼时，将会安装一种利用磁耦合和推进系统的新型电梯。这种高科技新型电梯的结构就像磁悬浮列车一样，不仅每秒钟高达千米的速度，让你眨眼间便能登上数千米高楼的顶层，而且电梯的轿厢还可以平稳地在水平与垂直方向运行。更令人惊奇的是，这些直入云霄超级建筑物的窗户，居然被'增强现实'屏幕所取代，人们可以随心所欲地选择自己喜欢的景色。随着太空产业的迅速崛起，到2045年，或许还会出现伦敦太空港。这种离地面10到30千米的太空港由超过钢铁强度数百倍的碳基复合材料建成，室内的瓷砖贴面可以播放视频画面，建筑的外墙面会跟随天气变色换脸，坐垫、窗帘等各种软装饰里充满了电子纤维，用来传递各种信号，甚至可以用来充电。"

静瑶好奇地追问道："未来城市中心高空建造太空港有什么用啊？"

爸爸回答说："所谓太空港，顾名思义就是为人们提供太空旅行的基地，它具有像机场一样的功能，所不同的是航天飞机替代了民航客机。专家指出，未来的飞机将变得更加智能化。随着计算机软件的不断进步，甚至可能实现自主飞行。驾驶飞机不再需要专职飞行员，飞行将成为人们的一种业余爱好，就像如今人们骑马不再是为了代步，而是为了享乐一样。而飞机也将变得越来越轻，由超高强度碳纤维复合材料制成的机翼可以像人的皮肤一样薄。其中添加了一种像气泡似的'微滴'，一旦机翼出现开裂或破碎，与'微滴'中催化剂接触后就会迅速发生化学反应，液态修复剂便会即刻变硬，从而自动完成裂缝修复。一种超高音速冲压喷射引擎将成为飞机的动力装置，它的飞行速度可突破数倍乃至数百倍音速，无论是巡航近太空还是绕地球飞行，'千里江陵一日还'不再是个梦想。"

静瑶接着问爸爸："如此说来，未来的智能化科技可让人们与建筑物对话，那么，人们是否能让其他东西也变得听话呢？"

爸爸回答说："当然可以啊。未来学家预言，网络通信技术发展速度之快令人称奇，未来人们通过电子网络实现与各式各样的机器互动，并非一件不可完成的事。例如，到2045年，满大街都是自主驾驶的汽车和货车，汽车也不再为个人所有。因为它们都是由公司或政府电子网络来操控的，道路上的'感应电'可为汽车供能，而一种'直线感应'车道也可通过自行车上的金属踏板，为自行车提供动力，让骑车人快速前行。又如，人们将不再需要通勤去办公室上班，依靠一部视频电话、一个面部识别机和一副隐形眼镜，足以与上司和同事交流沟通，处理一切工作事务，就像科幻电影《火炬木小组》中的情景一样。"

酒店智能化服务

　　天语的爸爸从日本出差回来，送给她一个机器人洋娃娃。这个洋娃娃可爱极了，一对大大的眼睛，梳着两根可爱的小辫子，穿着一身萌萌的红绿相间的衣裙。更让天语着迷的是，它不仅会给你讲故事、说笑话，而且还能读懂人的心理。你开心时，它能和你一起疯；你愁眉苦脸时，它会安慰你，唱平时你喜欢听的歌。

　　一天晚上，天语忍不住问爸爸："你在日本出差开会，住在酒店里有什么新鲜事吗？有没有像你送的那种智能机器人啊？"

　　爸爸乐呵呵地告诉天语："你可问对了，在我住宿的一家宾馆里，不但在大堂看见了机器人迎宾小姐，而且还受到了一个机器人团队的热情服务。日本是一个机器人产业十分发达的国家，被人们称为'机器人王国'。自20世纪80年代以来，无论是机器人的数量，还是机器人的应用都位列世界第一，接近全球机器人三分之二的份额。之所以送给你这个机器人洋娃娃，也是受到宾馆服务机器人的启发。"

　　天语迫不及待地问爸爸："那么，你住在哪一家宾馆啊？它们的机器人长得啥模样？"

爸爸回答说："这是一家位于长崎的海茵娜宾馆，也许你觉得难以置信，进入宾馆后为你引路的服务生居然是一个机器人，它不但具有与人类一模一样的外表，还能使用眼神甚至肢体语言与你交流，而一口流利的中文、日语、韩语和英语，让你顿时感受到仿佛与真人交往一样亲切，那种陌生、拘谨和不安的紧张感一扫而光。笑容可掬的机器人会帮你拎行李，径直把你送到房间里。每天上午，机器人清扫员会为你整理卧具、清洁房间，也会取走你要清洗的衣物，甚至可以为你送餐、开瓶、泡咖啡和煮茶……凡是人类服务员能办到的事，机器人服务员同样能做到。在宾馆总服务台，你能见到美女机器人接待员，它能为你办理入住、退房手续，还能为你介绍当地的风土人情，回答你的各种问题……当然，整个宾馆并不都是机器人服务员，大约有10名人类服务员与它们一起工作。不过，这家宾馆负责人表示，不久的将来，有望超过90％的酒店服务工作由机器人团队来完成。"

天语又问道："那么，海茵娜宾馆还有什么令人惊奇的高科技啊？"

爸爸告诉天语："除了机器人服务员令人大开眼界之外，海茵娜宾馆其他高科技智能化服务，也给我留下了深刻的印象。例如，客人回到宾馆后，不需要从兜里掏出房卡，一到房门口，配有面部识别软件的扫描装置就会认出你，房间解锁后会自动打开。又如，客人进入房间后，一种红外线探测仪会自动检测客人身体的热度，并及时调整房间内的温度，而无须客人自己动手。再如，客人可以通过平板电脑，申请你需要的任何物品，并由专人送到你的房间，宾馆的太阳能装置、LED灯等节能设备随处可见，有助于降低成本开支。难怪，每天50美元的价格引得无数科技爱好者的追捧。"

天语接着问："目前，是不是只有在日本宾馆里才能见到机器人服务员啊？"

爸爸回答说："如今，世界各国旅游业和酒店业的竞争非常激烈，为了吸引顾客，不少宾馆都开始在自己的服务中融入最新的超级科技，包括机器人服务员。据有关媒体报道，在一家位于美国库比提诺市的雅乐轩三星级宾馆里，有一批非常特殊的员工，它们就是被科学家命名为'A.L.O'的客房服务'Bottler'机器人。第一位'Bottler'机器人身穿管家制服，拥有一个56升的大肚子，只要客人按一下它身上的按键，它就能够为你送出牙刷、零食和充电器等日用物品。第二位'Bottler'机器人身穿服务生制服，佩戴自己的名牌，穿梭于宾馆五层172个客房之间。它通过身上的传感器可以定位客人房间，帮助宾馆员工为客人递送各种物品。当它抵达客人房门口时，会用安卓手机向系统发出信息提醒客人，并呈上客人需要的物品。在走廊里，它能够通过Wifi替客人叫电梯；在大堂里，它会和客人一起玩自拍；在清晨，它还可以为你提供温馨的叫醒服务。每当'Bottler'机器人完成工作之后，客人可以对它的服务质量打分，如果客人打了满分，它还会跳上一段庆祝的舞蹈。"

爸爸兴致勃勃地接着说："在美国纽约时代广场附近，有一家号称美国十大高科技酒店的'Hotel'宾馆。它的白色墙壁和紫色背光创造了一个超现代化的氛围，客人可以通过触摸屏登记入住。

一个长约4.6米、名叫'YOBOT'的机器人会在酒店大厅的玻璃窗后等候，在办理入住手续之后，或是房间暂还不可用时，客人只要在触控屏输入行李箱的号码和大小，'YOBOT'机器人就会拿起客人的行李，安全地放进行李箱墙中对应号码的一格抽屉里，并提交一张印有条形码的取包凭证。客房里挂满了紫色的'情调照明灯'，从装有液晶电视、无线网络和笔记本电脑的电子墙，到一张按下按钮便可全部展开的电动床，听着音响播放的曼妙音乐……一切应有尽有。"

天语听得津津有味，余兴未尽地问爸爸："那么，今后人们还能在宾馆里享受什么样的高科技服务啊？"

爸爸告诉天语："随着超级智能化科学日新月异的发展，人们必然会享受到更为人性化的宾馆服务。例如，在美国西雅图一家宾馆，每间客房都安装了一种特殊的红外传感器。它通过检测人体的热量，便能知道房间里有没有客人，清洁员来到房门口时，借助门外指示器就能决定是否进行打扫，免除了敲门打扰的尴尬，客人也无须操心挂牌免打扰。入住的客人都会得到一个由宾馆提供的智能腕带，这种内置无线射频识别芯片的电子化腕带，既是客人开门的电子钥匙，又是客人宾馆内消费的钱包，甚至当客人走进电梯时，电梯会立刻知道客人住在哪一个楼层，并直接为客人按下楼层按钮，而客人无须担心搞错楼层。又如，位于西班牙巴塞罗那的阿尔玛五星级宾馆，现在已经开始使用指纹激活的房间进入系统，就像我们家中的电子门锁一样，客人只要用手指按一下，房门便会自动开启。而美国波士顿的金普顿宾馆则使用了视网膜扫描门禁设备，客人只要看一眼电子门锁，便能打开房门，它比指纹识别更加高级、准确和安全。再如，有的宾馆正在考虑各种丰富多彩的高科技个性化服务，包括有的房间将会使用客人的名字来问候，或者可以依据客人的心情来设置房间的氛围和服务种类，甚至提供加热、除味和静音等个性化特殊服务。"

信息工程
新观察

"北斗"对决"GPS"

一天，清清在电视中看到一条新闻：2015年7月29日，在法属留尼汪群岛发现疑似马航MH370航班残骸碎片，并送往位于法国图卢兹市附近隶属于国防部的航空技术分析实验室，对其进行确认。清清不由得想：马航MH370失事飞机犹如泥牛入海一般，消失得无影无踪，三年多来的大力搜寻却毫无结果，为什么在科技已经特别发达的今天，寻找一架失事飞机还会如此艰难？

清清忍不住把这个想法告诉了爸爸，期待能找到答案。

爸爸听后，语重心长地告诉清清："寻找马航MH370失事飞机是一件技术难度相当高的事，它涉及方方面面的复杂因素。其关键在于失事飞机的定位，假如能够准确地知道它坠落的地理位置，就不会遭遇犹如大海捞针一样的尴尬。然而问题在于，目前飞机上唯一具有定位功能的'黑匣子'却是一个'事后诸葛亮'，只有搜索到它的信号才有用。一旦遇到复杂的环境，它只能成为一个于事无补的摆设。"

清清着急地问爸爸："那么，飞机失事定位真的很难吗？有没有比'黑匣子'更好的办法呢？"

爸爸乐呵呵地对清清说："现在有希望了，我国科学家准备把国产'北斗'卫星定位系统装在民航飞机上，打造一种天基实时的全新'黑匣子'，用它来实现飞机定位、导航、短信息传输等即时功能。也就是说，一旦民航飞机与'北斗'卫星定位系统绑定，那么，民航飞机的一举一动都逃不过'北斗'卫星定位系统的一双'天眼'。无须驾驶员通报，也无须地面空管员询问，'北斗'卫星定位系统分分秒秒都能主动报告飞机的动向和位置，人们再也不用为找不到飞机而犯愁。"

清清一听高兴得跳起来，说："那么，这种天基实时'黑匣子'什么时候能正式投入使用啊？"

爸爸告诉清清："据有关部门透露，目前东航、南航、国航已有数架飞机在后舱加装了这种天基实时'黑匣子'，其他航空公司也计划在今年加装这种新型通信设备，估计几年后，各个航班飞机都将实现全航程、全时域的即时定位功能。更令人感到惊喜的是，一旦有了这种通信设备，不但旅客安全感得到进一步提升，而且旅客再也不必为一上飞机网络、通信全部中断而烦恼，玩手机、上网娱乐消遣都不在话下，造福每年约4亿人次乘坐飞机的中外旅客。你说爽不爽？"

清清接着问爸爸："那么，我国自主建设的'北斗'卫星定位

系统什么时候可以全面建成啊？"

爸爸回答说："截至2012年，'北斗'卫星定位系统第一、第二阶段建设工程已经完成，16颗'北斗'卫星可为亚太地区提供服务。从2013年开始进入第三阶段攻坚战。2015年3月31日，随着首颗新一代'北斗'定位全球组网试验卫星在西昌发射升空，意味着'北斗'卫星定位系统建设进入了一个全新的时代。2016年2月1日，又发射了一颗新一代'北斗'卫星，成为第21颗'北斗'卫星。到2020年，将最终形成由35颗卫星组成的'北斗'卫星定位全网，服务范围从亚太地区走向全世界，成为继美国由24颗卫星组成的GPS之后的第二个全球卫星定位系统。届时，占到国内市场98%以上数以亿计的用户，再也不用受到GPS的种种制约，可以自由自在地在世界任何一个角落里漫游。"

清清不由得问："那么，我国'北斗'卫星定位系统又有哪些特点呢？"

爸爸得意洋洋地对清清说："就拿2015年成功发射的3颗新一代北斗组网试验卫星来说吧！专家们把这两个高约2.2米的'小家伙'和一个高约3.6米的'大家伙'称之为全球组网探路的'先行者'，与它们的16颗'前辈们'相比，拥有让人刮目相看的'三新'特点：第一，它们'三兄弟'被长征三号丙运载火箭送入预定轨道，整个发射过程一气呵成，原本需要飞行数天才能到达36000千米高度地球静止轨道的路程，'三兄弟'仅仅飞行了不足6小时。第二，'三兄弟'成功地完成了'北斗'卫星之间通信链路的试验，实现了将现有19颗'北斗'卫星像'手拉手'一样连接在一起，可以进行信息传输和交换，它们互帮互助不再'孤单'，最终达到自主定位、导航，提高定位和授时精度，减少对地面站依赖的目标。第三，'三兄弟'的核心部件和卫星平台都'穿'上了国产的'新衣'，特别是只有指甲盖大小的通用中央处理器（CPU），被科学家自豪地称为'龙芯'，还有先进的铷原子钟、数据总线电路、转换器、存储器等40款国产'大伽'，连国外同行也啧啧称奇。"

清清接着问爸爸："那么，与国外卫星定位系统相比，'北斗'卫星定位系统又有哪些优势呢？"

爸爸回答说："除了中国'北斗'、美国'GPS'卫星定位系统之外，国外还有俄罗斯'格洛纳斯'和欧洲'伽利略'两个卫星定位系统。这四种卫星定位系统除了拥有各自的通信传输方式之外，还能和美国'GPS'24颗卫星相互兼容，也就是说，其他三种卫星定位系统也能接收和发送GPS定位信号。然而，'北斗'卫星定位系统拥有其他三种卫星定位系统无法比拟的独门秘籍，这就是被专家称之为'千里眼、顺风耳'的位置报告和短信服务。换句话说，'北斗'卫星不仅能让你知道'我在哪里'，也能让它知道'你在哪里'，只要带上一个'北斗'终端机你就可以走遍天下都不怕。"

清清迫不及待地问爸爸："到2020年，35颗'北斗'卫星就位后，又会是怎样的情景呢？"

爸爸充满信心地对清清说："到那时候，'北斗'卫星定位系统的用处可大了。例如，一旦发生地震、洪水、泥石流等特大严重自然灾害，即使是地面所有通信设施都被摧毁，人们也不必担心与外界失去联络。'北斗'卫星就像挂在空中的一盏'明灯'，成为处理紧急或突发事件的利器，确保抗灾抢险顺利进行。又如，平日里人们驾车、骑单车、徒步、登山、开游艇，再也不用担心迷路和遇险，老人和小孩也不会走丢。即使是放牧走丢了一只羊，主人也能在茫茫的草原上把它找回来。再如，随着国家'一带一路'战略的实施，不久的将来，国人通过海上、陆上重走'丝绸之路'已成定局。届时，人们不仅可以感受中华民族昔日的辉煌，而且可在'北斗'卫星照耀下，任凭南海、马六甲海峡、印度洋、红海风急浪高，任凭黄土高原、西北荒漠、阿尔卑斯山脉险峻万难，都能一路畅通无险，这该是多么美好的前景啊！"

当3D打印遇见吃货

　　住在上海浦东新区的文博，今年刚刚进入著名的进才中学读初中。平时，他是一个喜欢动手的活泼男孩，同时又特别爱吃巧克力等零食，同学们给他起了一个外号叫作"智能吃货"。

　　一天，文博随着爸爸来到上海国际工业博览会参观。一进展览大厅，文博的眼球就被一个机器人巨大的双臂吸引住了，只见它们灵巧地上下转动，为汽车车身焊接、翻身、装配……还有下棋机器人、大厨机器人、包装机器人、搬运机器人，真可谓各显神通，好一个机器人世界！

　　"咦，怎么不见3D打印机呢？"文博着急地问爸爸。

　　原来，昨晚爸爸给文博讲了3D打印机的故事。爸爸说："3D打印技术出现至今，其令人匪夷所思的神秘魔力吸引了一大批科研人员。3D打印汽车、3D打印头骨、3D打印心脏、3D打印假肢……掀起了一场前所未有的打印革命。最近，3D打印还进入了食品加工业，它不仅颠覆了传统的食品制作和餐饮业，而且让食物焕发出另一番风采。"

　　所以，今天文博特别想在展览会上见识一下，曾在《星际迷航》电影中出现的神奇复制器和《十二生肖》电影里国宝兽首复制的3D打印技术，在现实中究竟是啥模样。

在工作人员的指引下，文博来到了3D打印机展区，各式各样的3D打印机一字排开，令人眼花缭乱。文博朝人多的展位挤了进去，定睛一看，只见一位工程师叔叔正在打印一块形状奇特的巧克力糖，文博像着了魔似的看了一遍又一遍，舍不得离去。

终于等到围观的人逐渐散去的时候，文博怯生生地上前问叔叔："我特别喜欢吃巧克力，能不能给我讲讲3D打印机为何能打印巧克力啊？"

叔叔一听，和蔼地把文博拉到身边，一边给文博塞了一块巧克力，一边告诉文博："如今，食品3D打印技术已正式进入人们的视野。在2011年，英国研究人员开发出了世界上第一台3D巧克力打印机，吹响了食品3D打印的进军号角。3D打印食品能够获得成功，离不开3D打印技术。最早的3D打印机是1986年美国麻省理工学院的科学家发明的。经过30多年的快速发展之后，3D打印技术才从工业、医疗等应用领域向日常生活应用领域发展，食品3D打印技术是一个最前卫的例子。"

文博不解地问叔叔："那么，3D食品打印机的工作原理是怎样的啊？"

叔叔回答说："如何把美食打印出来，3D食品打印机是关键。简单地说，这种高新科技的3D食品打印机，实际上就是一种利用3D打印技术的快速成型食品制造设备，只不过是把打印所用的原材料

换成了食材，再把3D打印机改造成适合食物加工的设备。通常，它由食品3D打印系统、操作控制平台和食物储存罐三大部分组成。工作时，放在食物储存罐里的打印用食材，会按照预先输入的食谱软件程序进行加工控制，具有熔聚成型功能的喷头就会将食材以层层叠加的方式最终'打印'出来。3D食品打印机不仅可以设置食物形状、改变食品品质，而且还可以自由搭配食材和口味呢。"

文博接着问叔叔："刚才人太多没看清楚，3D食品打印机具体是如何操作的呢？"

叔叔回答说："在一般情况下，第一步要将生的或熟的、新鲜的或冰冻的食物搅碎、混合均匀，并将它们浓缩成浆状物，再灌装到打印机的食材储存罐中，这就像办公室里彩色打印机的墨盒一样，只不过3D食品打印机储存的可不是彩色墨粉，而是各种食材的浓浆。第二步，可以根据消费者或个人的喜好，在操作控制平台输入包括形状、重量等参数在内的食谱软件程序，或者从打印机控制面板里预存的数据库中挑选合适的造型加工软件程序。第三步，按下3D食品打印机启动键，设备就会按照程序控制喷头，层层喷射，把美食'打印'出来。"

文博好奇地问叔叔："那么，除了巧克力之外，3D食品打印机还能'打印'哪些美食呢？"

叔叔告诉文博："目前，3D巧克力打印机是所有3D食品打印机中发展最快的，也是最成熟的。截止到2014年底，3D食品打印机已成功'打印'出30多种不同的食品。其中糖果类有巧克力、杏仁糖、口香糖、软糖和各式果冻，糕点类有饼干、蛋糕和各种甜点，休闲零食类有薯片和各种可口小吃，水果和蔬菜类有各种水果泥、水果汁、蔬菜水果果冻，肉类制品有猪肉酱、牛肉辣酱、香肠、培根和午餐肉，奶制品有奶酪、酸奶，等等。"

叔叔还说："最近，美国国家航空航天局与一家科技公司合作，开发出一种可以'打印'比萨的3D打印机。这款特制的3D打印机，先将面粉糊和成面团，再把它打印在炽热的铁板上。经烧烤后的比萨底层再与油混合，然后把番茄糊喷在比萨面饼上。最后再加上一层蛋白质，这样一张3D打印的比萨就出炉了。你说神不神？它的面世不仅可以大大改善宇航员的膳食，而且也能让人们品尝一下这别有风味的'打卤馕'。"

文博忍不住又问叔叔："那么，还有什么新奇的3D食品打印机吗？"

叔叔哈哈一笑回答说："你不是很喜欢吃糖果吗？2014年，美国的一家3D打印公司推出了一款名为'ChefJet Pro'糖果3D打印机，它可以打印各种单色或彩色的棒棒糖，论味道有巧克力、香草、薄荷、苹果等各种口味，论形状有圆的、扁的、三角的，甚至还有各种令人爱不释手的卡通造型，真是丰富极了。这款打印机的外形就像一台微波炉，使用时，只要在内部托盘上放置一层层干糖，开机后，打印机的喷头就会喷水，在溶化部分干糖后，即对干糖进行塑形和雕刻，在糖完全变硬之前插入小木棍，一支漂亮可口的棒棒糖就这样打印出来了。如果在水中加入各种色素和调味香精，便可打印出不同色彩和口味的糖果。"

文博一听，不免有些担心地问："3D食品打印机发展如此迅速，是不是将来大厨、糕点师都要失业了呢？"

叔叔不假思索地告诉文博："3D食品打印虽然给食品加工和餐饮业带来了一场革命，省掉许多麻烦，但真正要让人们尝到各种美味佳肴，还是离不开经典的烹饪技术。因此，在精益求精的中西式美食面前，3D食品打印机只能算家庭主妇的助手。"

文博又追问道："那么，今后3D食品打印技术的发展方向是什么呢？"

叔叔告诉文博："3D食品打印技术有许多用处，它能为儿童、老年人及病人提供个性化的饮食。例如，'打印'出容易咀嚼、吞咽和各种营养成分均衡的食品。又如，用藻类、甜菜叶及昆虫等食材'打印'出新的营养品。再如，在家中自己动手用心'打印'美食，传递浓浓感情等等。"

人工智能工程

一天，致远和小伙伴们一起去看电影。在回家途中，大家七嘴八舌议论起了电影剧情。地球因温室效应发生冰山融化，许多沿海城市被水淹没，人类只有依靠电脑的人工智能来维持自己的生命，一个家庭收养的小机器人过上了真人一样的生活……人工智能究竟是什么意思？它真的如同科幻电影所描绘的那么神奇吗？

正当致远时不时地想着心中种种的疑惑时，恰巧周末舅舅来家里做客，致远借机向他讲了自己的想法。

舅舅听后，兴奋地说："不久前，我在北京参加了中国人工智能大会，许多专家学者围绕人工智能领域最新热点、未来发展等话题进行了热烈讨论，其中也包括你想要知道的事情。

"先来说说什么是人工智能吧。它的定义可以分成'人工'和'智能'两个部分。'人工'应该比较好理解，就是人为的意思，而对于'智能'的解释就复杂了，它涉及诸如意识、自我、思维等许多方面，是一个十分玄妙的术语，哲学家和数学家就这个词汇争论了几个世纪，至今还没有达成一致的意见。不过，当今科学界对于人工智能的基本观点是，它是通过研究人类智能活动的规律，来构造具有一定智能的人工系统，从而研究如何让计算机去完成以往需要人的智力才能胜任的工作，主要包括有计算机软硬件模拟人类某些智能行为的基本理论、方法和技术。也就是说，人工智能是一门超越计算机科学范畴且涉及自然科学和社会科学知识的边缘学科，以实现如何获得知识和使用知识为目标。"

致远接着问："如此说来，人工智能的应用范围很广泛，那么，在当今社会中哪些算得上是人工智能呢？"

舅舅告诉致远："如今，人工智能已被科学家称为与基因工程、纳米科学并列的21世纪人类三大尖端技术工程之一。人们在工业、农业、医疗、金融、商业、教育、交通、娱乐、国防和公共安全等诸多领域，都能看到它的身影。它的表现形式丰富多彩，有时会让你很惊讶。例如，当你拿起智能手机，问问城市天气和股票情况，或者对它说'我喝醉了''我迷路了'，它的回答就是人工智能的结果。又如，你只要输入自己喜欢的一首歌或者一位歌手，美国潘多拉（Pandora）电台就会为你建立一个专用个人频道，不断地播放风格相近的音乐。在收听过程中，你还可以选择'喜欢''不喜欢'或者'我听腻了'，电台立马会'改正'。这种能揣摩人们心思的表现也是人工智能。再如，潜水艇会游泳吗？会，但它的游泳方式跟鱼儿不同。飞机会飞吗？会，但它的飞行方式跟鸟儿不同。电脑能识字、做数学题吗？会，但它的思考方法跟人的大脑不同。尽管这些智能行为与人类的智能行为不一样，它们仍然算是人工智能工程中的一个版本。"

致远好奇地问舅舅："那么，科学家们能不能来评判机器人工智能水平的高低呢？"

舅舅毫不犹豫地回答说："当然可以啊！通常，评判机器人工智能水平高低的方法主要取决于机器人工智能的类别。也就是说，不同人工智能机器要采用不同的评判方法。就以最著名的图灵测试来说，它是通过诸如键盘等装置向被测机器随意提问，如果被测机器超过30%的回答，让测试者不能确认是人还是机器的回答，那么这台机器就通过了测试，并被认为具有人类智能。不能确认回答的百分比越高，那么机器的人工智能水平就越高。"

致远接着问："那么，测试机器人工智能水平具体如何操作啊？"

舅舅告诉致远："举个例子来说吧。最近，美国麻省理工学院研究人员对一个被称为'ConceptNet'的人工智能机器进行了智商测评。研究人员为该机器设置了五个方面与思维推理和词汇理解有关的测试题，例如：我们为什么要握手？人们为什么要在夏天戴太阳镜？为什么将刀子放入嘴中是一个不良的行为？测试时，由'ConceptNet'机器自己把这些人类语言的提问转换成可以处理的信息数据，然后再用语言做出回答。结果是，'ConceptNet'机器的得分为69分，而用相同五个方面测试题对学龄前儿童测试的得分仅为50分。科学家由此认定，'ConceptNet'机器的智商已超过了一名正常的4岁儿童的智商。"

致远迫不及待地追问："那么，机器的人工智能将来能达到怎样的一个水平？"

舅舅回答说："这个问题也是当今人工智能科学家所关心的问题。毫无疑问，人工智能正在迅猛地向前发展，几乎每个星期人们都能读到，有关人工智能机器在人脸识别、语音识别、行为模拟等方面的新闻报道，机器的人工智能水平日新月异。不过，目前所取得的各种成果，对人工智能领域来说只是一个小小的起点，这是

因为要让机器做到能与人类智能相媲美这一点，难于上青天。举个例子来说，假设你从来没有见过榴莲。有一天，有人送了你一个榴莲，尽管你这辈子只见过这一个榴莲，但你只需看一眼就能记住榴莲的样子。第二天，你去水果店，很快就能从一堆苹果、葡萄、柚子、菠萝中认出榴莲来，甚至你还能在纸上把它画出来。然而，机器的学习方式与人类大不相同，它通常需要从大量的数据信息中进行学习，它在看过成千上万张榴莲的图片之后，才能完成对榴莲的全方位认知。因此，这个问题科学家目前还很难做出准确的回答。

"不过，科学家们认为，尽管机器学习和人类学习之间存在着巨大的差异，但是知识就是力量，在这个日新月异的领域中，刚刚发明的一种技术，极有可能在下个月就被另一种新技术所替代。正如著名《科学》杂志登载的一篇人工智能论文所说，三名分别来自麻省理工学院、纽约大学和多伦多大学的科学家开发研制出一个'只看一眼就会写字'的计算机人工智能机器，人们只需让这个机器'看一下'它从未接触过的陌生文字，就能让它很快把这些文字学到手，并像人一样写出来。这个新的人工智能机器还通过了图灵测试，一举突破了机器原有的学习模式。"舅舅补充说。

致远忍不住又问道："如此说来，将来机器人工智能可能会超过人类啊？"

舅舅回答说："毫无疑问，如今人工智能时代已经到来，将来机器不仅能替代人们的简单劳动，而且还能让人类从心智的苦力中解脱出来。然而，科学家们对'机器智能超过人脑'的观点持谨慎态度，因为人的大脑是一个通用智能系统，可以举一反三、融会贯通，而现有的机器人工智能缺乏智慧和情商，更难赋予社交技巧、道德伦理，未来如何，人们将拭目以待。"

机器人会称霸天下吗

从参观上海国际工业博览会回来后，锦鹏对智能机器人产生了浓厚的兴趣，博览会上各具特色智能机器人的精彩表演，时不时会在脑海里回放。在汽车生产线上，各种笨重的金属部件在机器人双臂摆弄下，竟然可以娴熟地分割、焊接、除锈、涂漆；有个笑容满面的机器人为你倒茶送菜；顶着一颗充满智慧大脑袋的机器人与你在棋盘上对弈搏杀；长得萌萌模样的机器人玩伴能跳、能唱，又能讲故事；一台机器居然可以听懂人话、看懂文字、识别条码，还能听从指挥、回答问题，扫地、做饭、擦窗都不在话下，你叫它干啥它就干啥……难道今后的社会是机器人的天下？

有一天，锦鹏带着这个疑问，忍不住去找在自动化研究所工作的舅舅诉说。

舅舅一听，不由得哈哈大笑："你这个小机灵，想的问题比别人多。确实，近几年，随着各式各样智能机器人的迅猛发展，人们对它们的关注度也越来越高，就连科学界专业人士也在为智能机器人的'是与非'争论不休。不过，绝大多数的科学家认为，随着自动化和智能化技术的不断发展，任何人都无法阻挡智能机器人的步

伐。人类社会的机器人化时代必将来临，人们不必过于惊慌失措。关键在于如何认识机器人化，如何面对机器人化，如何与智能机器人相处。"

锦鹏好奇地问："机器人化时代是怎么一回事啊？"

舅舅回答说："机器人化的英文名字是'Robotification'，实际上它并不是一个新出现的词汇，它的基本含义通常是指，原本由人类来完成的任务被某种机器所代替的一个过程。绝大多数人认为这种机器人化是将来才会发生的事情，然而事实上并非如此，这种机器人化的现象不仅已经存在，而且正在迅速地蔓延。当学者们还在争论世界机器人化时代应该从什么时候开始计算时，蓦然回首，人们已经发觉它的存在。也就是说，机器人化时代如今已经开启，你只要花一点时间环顾周围，就能随处找到由机器代人工作的证据。银行的自动柜员机（ATM）、地铁站的自动售票机和商场的自动售货机都是典型的例证。"

锦鹏不免担心地问："随着机器人化时代的迅速发展，将来机器人会抢走人的工作吗？"

舅舅斩钉截铁地告诉锦鹏："是的，机器人最终会抢走人们的某些工作。如果你在快餐店里工作，将来总有一天整个餐厅都是机器人的天下。机器人可以开门迎客，机器人可以为你点菜、收银，机器人可以炸鸡块、调饮料，机器人可以送餐、递餐巾纸，机器人可以清理餐桌、扫地……它们工作效率高，且不会犯太多错误。机器人能当会计吗？机器人比人更能遵守税务和相关支付规定。机器人能做秘书吗？机器人比人的记性更好，办事更加井然有序。机器人能当家教吗？机器人的知识面比教师更广，不仅数理化、外语门门在行，而且有问必答，速度快。即使是目前还无法代替的工作，机器人也始终在努力改进。"

锦鹏一听，迫不及待地问："那么，人类该怎么办啊？"

舅舅乐呵呵地说："其实，人们大可不必担心，机器人抢走人的工作只是一个杞人忧天的话题。想当年，世界发生第一次机器革命时，手工业者愤怒地砸毁抢走他们工作的机器，结果如何呢？历史告诉我们，正像汽车代替马车一样，机器给人类社会带来了更多的财富和文明，手工业者也找到了新的工作。如今，机器人化时代的到来，又何尝不是这样呢？机器人化的变革只会促使社会分工重新洗牌。有多少事可以由人类做，有多少事可以由机器人做。机器人只会从事它的本能工作，而人类则可以做不同的事情，比如从事养生保健之类的事情，从事艺术、体育和娱乐类工作，从事出谋划策、主导世界的事情，更可以从事各种新兴行业的工作。"

锦鹏又接着问舅舅："那么，人类又应该如何来控制机器人呢？"

舅舅回答说："尽管智能机器人可以自行完成各种工作，将来机器人的智能也会越来越高，甚至可以做出'自作主张'的行为，但是即使再高级的智能机器人，归根结底都是由人类设计创造的。从某种意义上说，机器人只不过是人类社会中多了一个通信控制载体而已，就像一部智能手机或者一台平板电脑那样，说穿了它们都是一项新的通信工程，只不过它们的功能各异。像科幻电影《终结者》和《黑客帝国》中，机器人认为人类妨碍了它们，而发起攻击的情景并不会发生，这一点从机器人的定义出发就不难明白：机器人是一种可以代替人进行某种工作的自动化设备，它可以是各种样子，并不一定长得像人，也不见得和人的动作一样。所以，机器人与人类有着本质的区别。毫无疑问，人类将会永远主宰机器人。"

锦鹏不由得问舅舅："那么，世界机器人化时代未来究竟会怎么样？"

舅舅不假思索地告诉锦鹏："科学家认为，未来的机器人化时代应该是一个机器人和人类融合在一起的世界。人们完全可以找到一种顺应机器人化发展潮流的方式。首先，让人们打造的机器人去代替人类从事一些它们力所能及的任务，让机器人为人类服务、为人类创造物质财富，甚至让机器人去从事人们自己不想做或者有生命危险的事情。其次，人们的职业教育或培训应从机器人的工作知识领域中撤离出来，培养胜过机器人的知识人才，尤其是要让学生为适应现实世界做好准备。也就是说，必须教会学生更多更新更具竞争力的本领，他们可以学习画画，学习作诗。他们应该能够用科学探索未知世界，他们应该锻炼与人交流的能力，不断反思人类的过去……这些都是只有人类独有的特征和天赋。这样，人们会有更多的时间来学习，懂得如何与机器人共处一个世界的为人之道，人们可以去探索宇宙，去创造从未有过的东西，这种前景让人充满期待。"

网购火车票的前世今生

　　这几天，伊伊心里别提有多高兴了，今年全家可以一起回祖籍成都过年了。自伊伊懂事起，每逢春节爷爷奶奶总是盼望着能回老家过年，无奈患心脏病的爷爷不能坐飞机，而火车卧铺票又经常买不到。这次幸亏在铁路部门工作的表姨的提醒，12306铁路客户服务中心的网络升级了，列车也增加了班次。果不其然，爸爸提前1个月就买到了车票。

　　爷爷奶奶似乎比伊伊还要激动，爷爷还找出两张20年前回成都探亲的火车票。伊伊从未见过这种犹如一个U盘大小的硬纸片状的火车票，好奇地问："爷爷，以前的火车票怎么长这模样啊？"爷爷告诉伊伊："那个年代，哪里有电脑、网络这种高科技，旅客想买火车票，就要到车站售票窗口前去排队，全部是靠人工售票，哪能和现在网上购票相提并论啊！"

　　伊伊一听，原来一张小小的火车票居然有如此翻天覆地的变化，心想有机会一定要向表姨问明白，12306网络购票系统究竟是啥模样？为何轻轻一点鼠标便能搞定车票？

　　有一天，表姨来看望爷爷奶奶，伊伊瞅准时机把自己的想法告

诉了表姨。表姨亲切地让伊伊坐在自己身旁，向伊伊讲起了火车票从硬纸片到软纸票的发展历程。

"你爷爷说得没错，从前的火车票是一张长5.5厘米、宽2.5厘米、厚约1毫米的硬纸片，事先印好发站名、到站名、价格等信息，而具体日期、座席等内容则是印在一张彩色小纸条上的，它的数量就是这趟列车的票额，售票时才将它贴在车票的反面。这种20世纪50年代设计出来的硬纸片火车票，不仅防伪性能差，而且售票程序十分繁杂，售票员不但要熟记站名、车次、票价、票额等信息，更要记牢各种车票和票条的摆放位置，不能有丝毫差错。售票时，完全靠手工从储票箱格里抽票、贴票。即使是售票员娴熟地犹如'采茶扑蝶'那样十指飞舞，窗口外仍是大排方阵长龙，一派人声沸腾犹如'甩卖血拼'一般。"表姨如是说。

伊伊接着问表姨说："那么，采用自动化、电子化的售票方式是从什么时候开始的呢？"

表姨回答说："早在20世纪70年代，随着计算机技术进入铁路系统应用，一些铁路局开始研制计算机电子售票系统，用打印的软纸车票来替代手工发售的硬纸片车票。由于当时的技术和设备还不够成熟，这种车票未能获得大面积推广。直到1996年，原铁道部做出决定，启动传统售票方式改革方案，着手建设具有自主知识产权的铁路客票发售和预订系统，并将该系统的开发建设纳入'九五'国家科技攻关项目，从而拉开了自动化、电子化售票的序幕。"

伊伊不解地问道："那么，这个被专家称为铁路客票发售和预订系统究竟是什么东西啊？"

表姨笑着说："它是一个计算机系统，简单地说，它就像手机、平板电脑或银行ATM机那样，都是由硬件设备和软件程序两大部分所组成。所不同的是，它远比普通的智能电子装置及计算机系统庞大得多、复杂得多。先拿硬件设备来说吧，在客运站售票大厅的每个售票窗口，都要配备一台计算机和一台自动打印车票的打印机。每个客运站的售票系统机房里，都要配备足够数量的服务器、路由器、调制解调器等计算机设备。在每个铁路局的售票系统控制中心里，都要配备与辖区内所有客运站机房相衔接的各种计算机硬件设备。同样，最顶层的铁路总公司售票系统控制中心，配备有连接和控制全国18个铁路局（集团公司）售票中心机房的各种计算机硬件设备。还有不可缺少的连接车站、铁路局和铁路总公司之间的专用光缆线路，专用电源装置及其辅助配套设备，最终形成一张上小下大的三角形网络。这张密如蛛网的计算机售票网络，可容纳5000多个客运站、每天开行2400多列旅客和每天发售300万～500多万张车票，这是任何一个国家铁路售票系统所无法企及的。

"再来说说软件程序，如果说硬件设备相当于售票员的双手和眼睛，那么软件程序就像售票员的大脑。首先，无论是客运站、铁路局还是铁路总公司，都要建立一个数据库，用来存储车票的信息。其次，各级售票平台都要有统一的系统操作软件程序，就像手机装有安卓系统、电脑装有Windows系统一样，用来指挥硬件设备正常运行。再次，各级硬件设备还要配备诸如票额计划、生成、分配、调整，售票信息传输、汇总、核对、查询，车票交易登录、核实、支付、取票，故障监测、控制、报警等各种应用软件。"

伊伊问表姨："那么，铁路计算机售票系统为何如此复杂啊？"

表姨告诉伊伊："除了我国铁路线长、点多的原因之外，更主要的因素是由铁路车票自身的多样性和复杂性所决定的。与民航机票和公路客票相比，铁路车票的种类要多得多，列车有高铁（G）、动车（D）、直达（Z）、特快（T）、快速（K）、临客（L）。座位还分硬座、软座、特等座、一等座和二等座。卧铺还分硬卧和软卧。每列列车少则8节车厢，多则18～20节车厢。更何况，还要区分数以千计的不同车次，不同站名，不同日期，不能有一丝一毫的差错和闪失，否则就会发生重号、空号和错票等严重后果。因此，我国铁路售票系统注定是一个既庞大又复杂的计算机系统。难怪，它被专家称为世界上最顶尖的无可比拟的先进计算机通信工程。"

伊伊迫不及待地问："那么，我国铁路售票系统又是如何建成的呢？又有什么优势呢？"

表姨回答说："如今运行的铁路售票系统并非一蹴而就，而是经历了近20年不断建设、完善和升级的漫长过程，几代铁路计算机科技人员为此付出了辛勤劳动。从新版的售票平台就不难看出，新版电子车票已打上了时髦的二维码，它囊括发站、日期、车次、购票人等信息，只要将它插入进出站电子检票机，一秒钟之内便能搞定一切。无论你在哪里登录12306网站，不仅单程票、往返票、异地票、团体票任你选购，而且还能挑选座位、铺位，甚至可以选择与陆空交通对接的联程票。融为一体的互联网、无线网和铁路电子售票网络，让旅客车站窗口购票及自助购票、网上购票、电话订票和代理点购票变得轻松自如。更令人惊喜的是，还有'电子账户''支付宝''手机钱包'付款来助阵。原来费时耗力的人工发售车票，如今在每台售票机上不足一分钟便能发售一张。"